들개를 위한 변론

일러두기

1. 책은 『 』로, 작품(시, 소설, 그림, 노래, 영화) 제목과 논문·신문 기사 제목은 「 」로, 신문과 잡지는 〈 〉로 구분했다.
2. 본문에 인용한 외래어 표기는 국립국어원의 표기 원칙에 주로 따랐다.
3. 참고문헌과 그 밖의 참고자료는 주에 실었고, 이에 따로 정리하지 않았다. 주에서 뉴스 통신사와 인터넷신문의 기사 제목은 " "로 표기했다.

들개를 위한 변론

초판 2쇄 발행일 2022년 3월 20일
초판 1쇄 발행일 2020년 5월 15일

지은이 우재욱
펴낸이 이원중

펴낸곳 지성사 출판등록일 1993년 12월 9일 등록번호 제10-916호
주소 (03458) 서울시 은평구 진흥로 68, 2층
전화 (02) 335-5494 팩스 (02) 335-5496
홈페이지 www.jisungsa.co.kr 이메일 jisungsa@hanmail.net

ISBN 978-89-7889-444-9 (03470)

이 도서의 국립중앙도서관 출판예정도서목록(CIP)은 서지정보유통지원시스템 홈페이지(http://seoji.nl.go.kr)와 국가자료종합목록 구축시스템(http://kolis-net.nl.go.kr)에서 이용하실 수 있습니다.(CIP제어번호 : CIP2020017449)

들개를 위한 변론

우재욱 지음

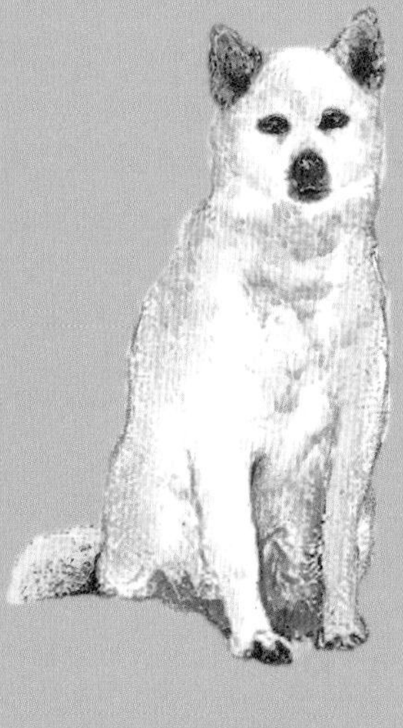

지성사

들어가는 글

오래전부터 취미로 야생동물 관찰을 하고 싶었다. 야생동물 중에서도 포유동물에 가장 관심이 갔다. 그러나 대부분의 야생 포유동물은 사람을 보면 피한다. 만약 그들을 관찰하려고 가까이 간다면 포유동물 입장에서 인간은 자신을 잡으려는 천적일 뿐이다. 이처럼 은신하는 습성 때문에 야생 포유동물은 사람들 눈에 잘 띄지 않는다. 그런데 들개가 떼를 지어 다니며 사람을 위협한다는 기사들을 접하게 되었다. 개 물림 사고에 대한 위험을 알리는 기사였지만, 한편으로는 들개가 가까이 다가온다는 것이니 대형 포유동물을 관찰할 수 있을 것이라고 생각했다. 더구나 인간과의 충돌 가능성에 대한 사회적 관심도 높아 들개를 가장 먼저 집중적으로 관찰하고 싶어졌다.

들개가 어떻게 사는지 관찰하기 위해 북한산 주변을 2년여 동안 일주일에 한 번꼴로 찾았다. 특히 뉴타운 개발로 유기견이 많아진 은평구 일대 산자락을 집중적으로 뒤졌다. 가기만 하면 개들이 몰려올 것 같은 기대 반 두려움 반으로 찾아갔지만 예상과는 달리 들개는 정말 만나기 힘들었다.

들개를 만날 수 없어 곤혹스러워하던 내게 독박골의 동네개들을 만난 건 행운이었다. 동네개는 다른 들개들처럼 산속에 살지 않고 마을에 내려와서 살고 있었고, 주민들이 함께 돌보고 있었다. 동네개의 행동을 관찰하면서 주인 없는 개들의 행동 방식을 추론했다. 그러면서도 북한산 자락을 계속 돌아다녔다. 마치 보물찾기 하는 기분으로. 북한산을 돌아다니며 간혹 마주치는 들개가 보석처럼 느껴졌다.

이 책에 이렇게 독박골 동네개를 관찰하고 북한산 들개를 찾아다니며 느낀 소감을 정리했다. 또 산속뿐 아니라 책 속을 살피며 들개에 관한 연구를 찾았고 이렇게 조사한 내용도 이 책에 함께 담았다. 그리고 닫힌 공간인 보호소에 있는 들개의 행동 방식을 알기 위해 유기동물보호소에서 유기견들을 관찰했는데, 이 내용도 물론 이 책에 포함되었다.

들개에 관한 기사에 따르면, 들개들이 북한산에서 몰려다니며 등산객을 위협하고, 한라산에서도 떼를 지어 다니며 노루를 사냥한다고 한다. 들개가 여러 곳에서 가축에게 피해를 입힌다는 보도도 있다. 이 기사들에서 들개는 주민과 등산객을 위협하며 가축들에게 피해를 입히고 광견병을 옮기는 유해동물이기 때문에 근절해야 될 대상으로 표현한다. 그러나 우리나라의 들개는 인간이 버려서 생겼기에 인간에게 책임이 있다. 그럼에도 사람들은 들개의 생명을 배려하지 않고 안락사로 문제를 해결하려고 한다.

들개는 포획 틀이나 마취총으로 잡는다. 이렇게 잡힌 들개는 유기동물보호소에서 입양을 기다리지만 입양되는 경우는 드물다. 결국 일정 기간이 지나면 안락사된다. 과거에는 들개들을 바로 사살하기도 했다. 2008년 시화호에 나타난 들개가 고라니 30여 마리를 물어 죽이고 행인을 공포에 떨게 했다는 이유에서였다. 현재는 들개를 주로 포획한다. 현행법상 들개는 유해조수가 아니라 유기동물이어서 총기로 사살할 수 없기 때문이다. 최근 들어 들개들이 위험하니 유해 야생동물로 분류해 사살할 수 있도록 해야 한다는 입법 추진도 있고, 이에 반대하는 동물보호단체의 목소리도 높다.

한편에서는 포식동물의 복원이 논의되고 있다. 멧돼지와 고라니에 의한 농작물 피해를 막기 위해 포식동물을 복원해 생태계 균형을 맞춰야 한다는 논리다. 과거에는 호랑이나 표범, 늑대 같은 포식동물이 있어서 멧돼지와 고라니가 적정 개체 수를 유지할 수 있었다. 그러나 일제 강점기에 해수 구제라는 명목으로 포식동물을 절멸시킨 이후에는 먹이사슬이 끊어졌다. 자연스럽게 멧돼지와 고라니가 이상 증식해 농촌 피해가 늘어났다. 호랑이처럼 인명피해 가능성이 높은 동물을 산림에 복원하는 것은 어렵지만, 늑대나 스라소니 같은 인명피해 위험성이 상대적으로 낮은 포식동물에 대해서는 관심 있게 논의되고 있다.

들개의 위험성에 관한 보도 중에 노루나 고라니를 잡아먹는 맹수라는 부정적인 내용이 있다. 이를 달리 생각하면 들개를 포식동물로 인정하고 자유롭게 살게 하여 단절된 먹이사슬의 회복을 도울 수도 있다. 지리산의 반달가슴곰이나 소백산의 여우를 복원하는 것이 의미 있다면 들개를 야생에 존치하는 것도 의미가 있다. 호주의 들개 딩고가 최상위 포식자로 살아가듯 우리나라의 들개도 생태계의 일부로 살 수 있지 않을까.

그러나 몇 가지 의문이 생겼다. 먼저 들개들이 어떻게 사는지 정확히 알려진 것이 없다. 고라니나 멧돼지 새끼를 먹는 포식자인지, 아니면 오로지 음식물 쓰레기만 먹는 청소동물인지 모를 일이었다. 그리고 언론에서 주장하는 것처럼 정말 위험한 존재인지도 알 수 없었다. 위험하다면 어떻게 해야 하는지, 위험하지 않다면 길고양이처럼 인간과 공존하며 살 수는 없는지, 포획을 한다면 안락사 말고 다른 방법은 없는지 여러 질문들이 꼬리를 물었다.

이 책은 이 질문들의 답을 찾는 과정이다. 인간에 의해 버려지고 인간에 의해 죽음을 맞는 가엾은 생명에 대해 우리가 할 수 있는 일을 책에 담으려 했으며, 그 내용은 다음과 같다.

하나, 가축이 아닌 상태로 사는 개에 대해 전반적으로 소개했다. 주인 없는 개의 종류, 주인 없이 살았던 개들의 조상, 지금도 주인 없이 사는 늑대, 딩고와 파리아개에 대해 살펴보고, 주인 없는 개의 발생 과정과 살아가는 방식을 전반적으로 다루었다.

둘, 독박골 동네개를 관찰한 내용을 담았다. 동네개 무리의 개성 있는 구성원들을 소개하고 그들의 삶을 관찰한 느낌을 옮겼다. 또 독박골 주민들이 동네개를 함께 돌보는 모습에 대해서도 적었다.

셋, 북한산에서 들개를 관찰한 느낌을 적었다. 산길과 사찰 근처에서 만난 들개들을 소개하고 그들이 살아가는 모습을 담았다. 배설물을 분석해서 북한산 들개가 음식물 쓰레기를 먹는 청소동물로만 살고 있다는 것을 확인했다. 그리고 다른 나라의 들개에 관한 기존 연구와 비교해 북한산 들개의 행동 특성을 기술했다. 다른 나라 들개는 인간 거주지 근처에서 살며 사람을 별로 두려워하지 않는데, 북한산 들개는 사람을 경계해 산속으로 갔다. 이렇게 다른 나라 들개들과 다른 점을 중심으로 적었다.

넷, 들개와 인간의 관계에 대해 고찰했다. 특히 들개의 위험성에 대해 집중적으로 다루었다. 먼저 들개의 위험성이 과장되어 있는지 살폈다. 들개에게 물리는 사고를 막는 방법과 다른 문제들에 대한 방안도 다루었다. 또 안락사 등의 들개 처리방식에 대한 문제점을 살펴보고 중성화 수술 후 방사하는 방법, 방목형 유기동물보호소, 음식물 쓰레기 배출 제한을 통한 니치niche의 조절을 제안했다. 그리고 다른 지역의 들개에 대해서도 살펴보고, 특히 한라산 들개가 하나의 동물 종으로 인정받고 살 수 없는지에 대해 고찰했다.

다섯, 들개 발생의 원인인 유기견에 대해 알아보았다. 유기견 발생 현황과 유기동물보호소의 실태에 대해 살펴보았으며, 유기견 발생을 막고 유기견을 안락사 없이 보호하는 방안들에 대해 다루었다. 아울러 동물보호소로 들어온 들개 똘이와 함께 있던 유기견들을 관찰하며 느낀 점도 적었다.

이 책은 관찰, 자료 조사, 추론이라는 기본적인 방법으로 쓰였다. 경험한 내용을 상세히 기술했으며 그 의미를 알기 위해 기존 과학 연구를 조사하고 접목해 관찰 결과를 해석했다. 좀 더 체계적인 연구 방법을 적용한다면 들개의 삶에 대해 더 정확히 밝힐 수 있을 것이다. 예를 들어 원격 무선장치를 통한 이동경로 파악, 센서 카메라를 활용한 행동 방식을 촬영한다면 들개의 삶을 객관적이고 상세하게 파악할 수 있다. 제거해야 할 대상으로만 여기지 않고 들개를 하나의 생물종으로 인정해 체계적인 연구가 이루어졌으면 한다.

개는 가장 먼저 가축이 되어 오랫동안 인류와 함께 살아왔다. 인간은 개에게 여느 동물과는 다른 특별한 애정과 교감을 느낀다. 그런 개들이 인간에 의해 버려졌고, 다시 붙잡혀 죽음을 맞고 있다. 인류의 오랜 벗인 생명체에게 너무 미안하고 부끄럽다. 들개가 위험하다는 추측만으로 생포해 사살해서는 안 된다. 북한산 일대에서 들개를 만나면서 그들은 사나운 맹수가 아니라 수줍고 조심스러운 동물임을 알았다. 기존의 연구에서도 같은 내용을 확인할 수 있었다. 충분히 그들의 생명을 존중하면서 인간과 들개가 공존하는 방안을 모색할 수 있다. 들개는 최근에 생겨난 것이 아니라 항상 존재해왔다. 편리하다는 이유 하나만으로 포획해 사살한다고 문제가 해결되지는 않는다. 유기견은 끊임없이 생겨나고 그 가운데 일부는 들개가 될 것이다.

이 책이 우리 사회의 들개에 대한 지나친 알레르기 반응을 진정시키고 생명에 대한 예의를 갖추고 그들과 공존하는 방안을 찾는 데 도움이 되었으면 한다.

들개를 알기 위해 북한산 주변을 돌아다니고 관찰 결과를 정리했던 시간은 나를 설레게 했다. 결과를 모아서 원고로 정리하는 과정도 즐거웠다. 우선 동네개의 삶을 이해하도록 친절하게 이야기해준 독박골 주민들께 감사한다. 그들이 들려준 이야기가 동네개들의 행동을 이해하는 데 많은 도움이 되었다. 염치없는 부탁에도 들개 배설물 분석을 흔쾌히 해주신 국립생태원 송의근 연구원과 그분의 동료 연구자들께도 감사드린다. 관찰 결과가 책으로 나올 수 있도록 투고를 받아주고 거친 원고를 가다듬어준 이원중 대표님 이하 지성사 분들께도 감사드린다.

개의 행동 방식을 그린 미숙한 그림이 최소한의 모양새를 갖추도록 도와주신 구본옥 선생님께 감사드린다. 들개를 만나고 싶다는 친구의 기이한 생각을 재미있어하고 북한산 산행을 종종 동행해준 친구 김청식, 이승준에게 고맙다는 말을 전하고 싶다. 그리고 항상 힘이 되어주는 아내와 두 아들에게도 고맙고, 아버지께서 건강이 좋아지시고 힘을 내시는 데 이 책이 조금이라도 도움이 되길 빌면서 하늘에 계신 어머니께 이 책을 바친다.

차례

3부
북한산 들개

4부
인간과 들개의 관계

5부
버려진 개들, 유기견

1부

개는 15퍼센트만 가축이다

01 들개는 만나기 어렵다

오리나 거위는 태어나서 처음 본 존재를 자신의 어미로 생각하는데, 이러한 현상을 '각인'이라 한다. 동물행동학자 콘라트 로렌츠Konrad Lorenz, 1903~1989는 각인을 이용해 야생 거위를 곁에 두고 관찰했다. 그 결과를 정리한 책 『야생 거위와 보낸 일 년Das Jahr der Graugans』에서 다음과 같이 적고 있다.

> 이제 그만 무뎌질 만한데도, 내가 번번이 형언할 수 없는 감동과 기쁨을 느끼는 순간이 있다. 바로 거위들이 저 먼 데서부터 나를 향해 떼 지어 날아드는 순간이다. 아무리 되풀이되어도 그때의 감동은 도무지 줄어들지 않는다. 그럴 때면 인간이 나쁘지만 한편으로는 불쌍하다는 생각이 든다. 야생동물의 뒷모습밖에는 보지 못하기 때문이다.

야생동물에 대한 관찰을 심도 있게 하고 싶어졌을 때 마침 적절한 대상을 찾았다. 야생동물은 사람이 가까이 오는 것을 싫어하기 때문에 그들의 모습을 자세하게 관찰하기 어렵다. 그래서 콘라트 로렌츠는 각인을 이용해 야생 거위가 다가오게 만들었다.

일반인인 내가 원격 무선장치나 센서 카메라 같은 장비를 사용하기는 어려워서 첫 관찰 대상으로 들개가 최적이라 생각했다. 북한산 들개를 관찰 대상으로 정한 것은 들개들이 떼 지어 다니며 주민과 등산객을 위협한다는 기사를 보았기 때문이다. 보통 야생동물들은 사람을 보면 도망치는데 북한산 들개는 사람에게 다가온다니 그렇다면 관찰하기가 쉬울 것이라 생각했다. 물론 두려운 마음도 들었다.

처음 들개를 만나러 가던 날, 쉽게 들개를 만날 수 있을 거라고 기대했다. 그러나 현실은 기대와는 달랐다. 2017년 11월부터 다음 해 2월까지 매주 북한산을 돌아다녔지만 한번도 들개를 만나지 못했다. 답답한 마음에 주민과 등산객에게 들개에 대해 물어보아도 듣기는 했지만 보지 못했다거나, 보기는 했어도 멀찍이서 금방 사라졌다고 했다. 들개가 문제가 아니라 멧돼지가 문제라는 사람도 있었다. 언론보도와는 달리 사람들에게 들개의 존재감은 그리 크지 않은 것 같았다.

사람이 다니는 둘레길이나 산행로에서는 들개를 만날 수 없었다. 또 북한산 산책로 밖은 대부분 사람이 들어갈 수 없는 구역이었다. 산책로 밖은 경사가 심하고 잡목들이 우거져 걷는 것조차 힘들었다. 더 간다 한들 들개를 만날 수 있을 것 같지 않았다. 후각과 청각이 발달한 들개가 사람을 먼저 알아채고 달아날 가능성이 컸다. 이런저런 생각을 하며 돌아다니는 동안 드디어 들개와 마주쳤다. 예상과 달리 들개들은 으르렁거리며 다가오는 것이 아니라 거리를 두고 눈치를 보거나 번개처럼 도망갔다. 그들을 관찰하기는 역시 쉽지 않았다.

결론적으로 북한산에서 들개를 만나는 것은 어려운 일이었다. 더구나 등산로에서 들개를 만날 가능성은 거의 없다. 만약 마주친다 해도 들개가 먼저 도망가기 때문에 위험한 일은 일어나지 않는다.

이런 상황에서 독박골의 동네개를 만난 것은 정말 행운이었다. 비록 산속은 아니지만 동네에 내려와서 무리를 이루고 자유롭게 사는 동네개들을 보면서 주인 없는 개들의 삶을 들여다볼 수 있었다. 처음에는 불편해했지만 동네개들은 서서히 곁을 내주었고 사는 모습을 보여주었다. 동네개들을 관찰할 수 있었기에 조금은 여유를 가지고 북한산 들개를 찾아다녔다. 마치 보물찾기를 하는 것 같았다. 그러다가 북한산 사찰 주변에서 들개들과 종종 마주치게 되었다. 한동안 어떤 개들이 나타나다가 시간이 지나면 다른 무리가 자리를 대신했다.

들개들은 다가가면 달아나서 동네개들처럼 가까이에서 관찰할 수 없었다. 짧은 시간만 들개들을 관찰할 수 있기 때문에 들개들과 마주칠 땐 최대한 집중했다. 그 와중에 유기동물보호소에 있는 들개를 알게 되었다. 인간의 보호 아래로 들어온 들개가 어떻게 행동하는지 알기 위해 유기동물보호소에 있는 들개도 함께 관찰했다.

02 가축이 아닌 개들도 많다

개는 늑대와 같은 조상에서 갈라져 나와 인간이 사는 지역에 살게 되었다. 야생에 남은 늑대의 수가 전 세계에 40만 마리 미만인 것에 비해 개는 5억~10억 마리에 이른다. 늑대와는 비교도 안 될 정도로 번성했다. 개는 당연히 '가축家畜'이라고 생각한다. 가축은 말 그대로 집에서 기르는 짐승으로, 사람과 함께 사는 모습을 떠올린다. 그러나 전 세계 약 5억 마리 가운데 주인이 있는 개는 45퍼센트 정도밖에 되지 않는다. 주인 없는 개가 더 많다는 것이다.[1] 또 다른 보고에서는 전 세계 개의 수는 약 10억 마리이며, 이 중 85퍼센트가 들개이고 약 15퍼센트 정도만 인간과 같이 산다고 한다.[2] 가축인 개보다 가축이 아닌 개가 보편적인 개의 모습이다. 따라서 개는 가축이라고 단정할 수 없으며 오로지 15퍼센트만 가축이라고 할 수 있다.

개가 살아가는 모습은 다양하다. 집개로 살기도 하지만 훨씬 더 많은 수가 인도나 동남아의 파리아개처럼 집 안이 아닌 인간의 거주지 주변에서 산다. 이 개들은 주인이 주는 먹이가 아니라 음식물 쓰레기를 먹으며 살아간다. 그리고 딩고나 뉴기니 고산개처럼 완전히 야생화되어 사냥을 하며 살기도 한다.

집 없이 사는 개는 '들개', '떠돌이개', '야견' 등 다양한 이름으로 불린다. 이 책에 들개, 동네개, 야생개, 유기견이란 이름은 다음과 같은 뜻으로 사용했다. 국립국어원 표준국어대사전에 따르면 '들개'는 '주인 없이 여기저기 돌아다니는 개'이다. 따라서 이 책에서는 국립국어원의 정의에 기초해 '들개'는 사람과 한집에서 사는 가축인 '집개'와 대비되는 표현으로 사람의 집이 아닌 장소에서 사는 개를 가리킨다. 들개는 산이나 들과 같은 야생에서 살기도 하지만 인간 거주지 주변에도 산다. 이 책에서는 이 모든 경우를 포괄해 '들개'라고 하기로 한다. 들개 중에서 인간 거주지 주변에서 사는 개를 구분할 필요가 있을 때는 '동네개'로 칭했다. 인도나 동남아 등의 파리아개가 이에 해당된다. 또 북한산 독박골에서 살았던 개들도 포함된다. 산이나 들에서 사는 개와 동네개의 구분이 필요한 경우에는 '야생개', 굳이 야생개로 구분하지 않아도 되는 경우는 통틀어 들개라고 했다. 들개를 대체할 단어로 '떠돌이개'가 있지만 주인 없이 사는 개들은 떠돌지wandering 않으며, 일정한 영역에서 사는 동네개village dog이거나 야생개wild dog인 점을 고려해 가축이 아닌 상태로 사는 개를 '들개'라고 통칭했다. 들개는 '여기저기 돌아다니지만free-ranging' 영역 안을 돌아다닐 뿐 정처 없이 '떠돌지' 않는다. 일정한 영역 생활을 하는 들개와 달리 '유기견'은 전에 주인이 있었으나 현재는 주인을 잃어 자신의 거처를 갖지 못하고 일시적으로 떠도는 개를 가리킨다.

어떤 식으로 불리고 어떻게 살아가든 우리나라에서 주인 없는 개는 사람들에게 환영받지 못한다. 측은해하고 도움을 주려는 사람도 간혹 있지만 대부분은 거부감을 느낀다. 혹시 벌어질지 모를 사고와 쓰레기를 뒤

지거나 배설 때문에 생기는 불결함, 질병에 대한 우려 등으로 사람들은 특정한 주인이 없는 개는 어떤 식으로든 사라져야 할 대상으로 생각한다.

반면, 야생에서 사는 개는 일반인이 관찰할 수 있는 몇 안 되는 대형 포유류이기도 하다. 야생에서 대형 포유류는 사람을 만나면 대부분 꽁무니가 빠지도록 도망간다. 고라니, 노루, 너구리 등 좀 덩치가 있는 동물은 사람을 보면 놀라서 도망간다. 멧돼지는 사람을 공격하기도 하지만 대부분은 도망친다. 사람에 대한 경계심이 그만큼 크다.

내가 북한산에서 만났던 들개들은 슬금슬금 눈치를 보면서 뒤로 물러났다. 물론 한달음에 달아나기도 하지만 거리를 유지하면서 눈치를 보는 경우도 많았다. 들개에게 인간은 경계의 대상이지만 음식을 얻어먹을 수 있는 존재이기도 하다. 들개는 기회주의적인 태도로 눈치를 보며 거리를 유지하다가 안전거리 이상으로 접근하면 도망갔다. 사람과의 기리를 유지하는 야생 포유류가 기의 없다는 점을 고려하면 들개의 경우는 특이하다.

03 개는 어떻게 사람에게 왔나

들개는 늑대가 아니다

사람들은 개가 인간의 통제를 벗어나면 사나운 맹수로 변할 것이라고 생각한다. 개의 조상은 늑대라서 사람과 같이 살지 않으면 늑대의 본성이 드러나 사람에게 위협이 된다는 것이다. 그러나 들개는 늑대가 아니다. 개의 가축화 과정에 대해 다양한 가설이 있다. 과거에는 개가 늑대의 후손이라고 보았지만 현재는 늑대와 개가 공통 조상에서 갈라져 나왔다는 가설이 우세해지고 있다.

미국 시카고대학교 연구팀은 개의 발원지로 알려진 중국, 크로아티아, 이스라엘 지역의 회색 늑대 3종과 역사적으로 늑대와 격리되어 살아온 중앙아프리카의 사냥개 바센지, 호주의 들개 딩고, 복서 등의 게놈을 비교했다. 더불어 이들보다 더 오래전에 갈라진 개과동물인 자칼의 게놈을 분석했다. 만일 늑대가 개의 조상이라면 지역적으로 가까운 곳에 사는 늑대와 개는 유전정보가 일치될 확률이 높아야 한다. 예를 들어 바센지는 이스라엘 늑대와, 딩고는 중국 늑대와 비슷해야 한다. 그러나 각기 다른 지역에 사는 같은 종 사이의 게놈 유사성이 가까운 지역에 사는 늑대와 개 사이의 게놈 유사성보다 높았다. 따라서 개들은 모두 늑대와 비슷하긴 하지만 이미 오래전에 개와 늑대의 공통 조상에서 갈라졌다고 보았다.

연구진은 조사한 3종의 늑대 가운데 어느 것도 개들과 근연 관계인 종이 없다고 했다. 어떤 늑대 종도 늑대와 개의 조상이 아니며 개는 오늘날의 늑대와는 다른, 보다 먼 옛날의 공통 조상으로부터 갈라져 나왔다. 이러한 연구 결과는 초기 인류가 온순한 늑대를 길들여 오늘날의 개가 탄생했을 것이라는 추측을 뒤집는 결과이다. 연구진은 일부 현대 개와 늑대의 게놈이 겹치는 것은 개가 사람에게 길들여진 후 늑대와 이종교배한 결과이지, 늑대의 직계 후손은 아니라고 보았다. 또 늑대와 자칼 사이에도 유전자 교환이 일어난 데서 추측할 수 있듯 개과동물들 사이에서 이종 간 유전자 교류가 생각보다 더 광범위하게 일어난 것으로 보았다.[3]

개와 늑대의 공통 조상 중 야생에서 살아간 개체는 늑대로 분화되었고, 음식물 쓰레기를 찾아 인간의 거주지 근처에서 산 개체는 개가 되었다. 즉 늑대가 인간에게 온 뒤 개가 된 것이 아니라 늑대와 공통 조상에서 갈라진 개라는 별개의 동물종이 마치 쥐처럼 인간 주변에 살게 된 것이다. 사실 개나 쥐 말고도 참새나 제비처럼 인간의 거주지 주변에서 살아가는 동물들은 많다. 런던에는 약 1만 마리의 여우가 살고, 시카고에는 2천 마리 이상의 코요테가 산다. 그러나 그들은 인간과 한집에 살기를 거부하며 인간도 그들과 함께 살지 않는다. 다만, 개는 일부 개체가 인간과 함께 살기를 원했고 인간도 원했기에 '집개'가 탄생한 것이다. 한편, 많은 수가 여전히 들개로 살고 있다. 즉 개는 집개이기도 하지만 들개이기도 하며, 이는 모두 개가 살아가는 다양한 모습이다.

최초의 개는 모두 들개였다. 처음에 개는 인간 거주지 주변에 살았기 때문이다. 들개는 인간 거주지 주변에 있는 것만으로도 생존에 유리했다. 사냥을 하는 대신 인간이 버린 음식물 쓰레기를 쉽게 먹을 수 있었고, 늑대 같은 맹수가 가까이 오면 짖거나 쫓아냈다. 인간 입장에서는 맹수의 출현에 대비할 수 있고, 들개는 인간들이 천적을 물리칠 무기를 들고 달려오므로 더 안전한 환경에서 살 수 있었다. 인간과 들개 모두에게 도움이 되는 관계였다. 늑대와 달리 온순하면서 도움이 되는 개에게 인간은 호의적이었고 거주지 주변에 사는 것을 용납했다. 개들도 쉽게 먹이를 얻을 수 있고 천적으로부터 안전한 인간의 거주지 주변에 머물고 싶어 했을 것이며 그중 일부는 인간과 함께 살게 되었을 것이다. 개의 방어 행동과 사냥감을 잘 찾는 특성은 인간에게도 도움이 되었기에 수렵채취 시대에 개는 가축이 되었다. 다른 동물들은 목축과 농경이 시작된 이후에 가축이 되었다.

두개골과 치아 구조를 보면 개와 늑대는 분명히 다른 종이다. 늑대와 개는 교배하면 번식이 가능한 새끼를 낳을 정도로 유전적으로 가깝지만 차이가 있다. 늑대의 유전자에는 염색체마다 녹말 분해 효소인 아밀라아제amylase 유전자 AMY2B 복사본이 한 개씩 있는 데 반해, 개는 같은 복사본이 2~15개 있으며 늑대보다 평균적으로 일곱 개 더 많다.[4] 따라서 늑대는 생태계의 먹이사슬 최상층 육식동물로 살지만 개는 탄수화물을 분해하는 유전자가 활성화된 잡식동물로 산다.

아무거나 먹는 탁월한 청소동물로 살게 되면서 개는 사슴이나 멧돼지 같은 우제류(발굽이 짝수인 포유동물)를 사냥하는 늑대처럼 덩치가 클 필요가 없고 조직적인 무리 활동을 할 필요도 없어졌다. 들개는 인간의 구속 없이 자유롭게 살았지만 인간과 충돌 없이 살기 위해 늑대보다 훨씬 공격성이 약한 성질이 유전자에 기록되었다. 즉 들개는 늑대가 아니며 늑대보다 훨씬 유순한 동물이다. 또 집개는 주인이 없으면 늑대가 되는 것이 아니라 들개가 된다. 개는 늑대보다 훨씬 공격성이 약한 유전자를 생래적으로 타고나서 들개가 되어도 포식자가 아니라 청소동물로 행동할 가능성이 높다.

개에게 있는
가축 유전자

개가 인간과 함께 살게 된 것은 가축이 될 수 있는 성향을 가지고 있었기 때문이다. 야생동물의 가축화는 2천 년 전에 거의 완성되었다. 4,000여 종의 포유류와 1만여 종의 조류가 인류와 10만 년 이상 지구에서 살았지만, 그중 가축이 된 종은 극소수이다. 현재 대한민국의 「축산법」, 「축산물 위생관리법」, 「가축전염병 예방법」에서 가축으로 정하고 있는 포유류와 조류는 34종에 불과하다. 그중 많이 기르는 가축은 12간지에 나오는 소, 토끼, 말, 염소(양), 개, 닭, 돼지 8종과 고양이와 오리 등을 합쳐 10여 종 남짓이다.

고대 이집트인들이 남긴 돌판 그림을 보면 영양, 아이벡스염소, 가젤, 하이에나 등을 길들여 보려고 노력했으나 뜻대로 되지 않았다는 것을 알 수 있다. 가축이 되려면 인간의 노력보다 해당 동물의 특성이 더 중요하다.[5] 온순하고, 인간과 잘 지내며, 먹이를 주기 쉽고 번식이 잘되어야 한다. 이렇게 길들여질 수 있는 유전자가 내재되어 있어야 가축으로 살아갈 수 있다. 예를 들어, 얼룩말은 말과 둘 사이에 새끼가 태어날 정도로 아주 가까운 친척이지만 가축화에 실패했다. 19세기 말 아프리카에서 들여온 말들이 체체파리가 옮기는 병으로 죽어가자, 이런 병에 영향을 받지 않는 얼룩말을 길들이려고 시도했다. 사람들은 훈련으로 얼룩말의 행동을 부분적으로 통제하는 것은 가능했지만 결국 가축으로 만드는 데는 실패했다. 사슴은 비교적 온순한 초식동물이고 식량원으로 조건이 좋아 가축으로 만들고 싶을 만한 동물이다. 그러나 그 많은 사슴 종류 중 가축이 된 것은 순록이 유일하다. 사슴은 가축으로 길들여지기 위해 필요한 유전적 소질을 충분히 갖추고 있지 못했기 때문이다.[6]

늑대와 분리되어 인간 거주지 주변에서 살았던 개의 조상은 가축이 될 수 있는 유전자를 뚜렷이 지녔다. 늑대는 사람 손에 크더라도 성체가 되면 통제가 되지 않는다. 반면 개의 조상은 성체가 되어서도 사람을 따르는 행동을 보여서 가축화가 가능했다. 사냥을 하는 것보다 음식을 주워 먹는 게 더 편했고, 편하게 살다 보니 다른 동물을 공격할 필요가 없었다. 공격성을 결정짓는 유전자에 변화가 생겨 성질이 온순해지고 사람을 잘 따르게 된 것이다. 물론 온순한 개체일수록 사람들이 더 좋아했고 번식의 기회가 더 많아졌다. 인간의 선택에 따라 개는 점점 온순한 가축이 되었다.

인간의 음식물에 의존하면서 개는 늑대와 외형적으로도 달라졌다. 개는 적어도 1만 5천 년 전에 가축이 된 것으로 추정되는데, 중동지방에서 발견되는 당시 화석을 보면 턱이 짧고 이빨이 촘촘해 같은 지역의 늑대와는 달랐다.[7]

반려동물을
사랑한 인류

개에게 가축 유전자가 있다면 인류에게는 반려동물을 키우고 싶은 유전자가 있다. 먹거나 가죽을 이용하는 것과 같은 실용적인 목적 외에 순수하게 애정을 나누기 위해 반려동물을 기르고 싶어 하는 본성 말이다. 유럽인들이 신대륙을 발견했을 때 인디언들은 인류의 원형적인 부족사회를 이루고 살았다. 그때 인디언들은 반려동물을 많이 키웠다. 탐험가 존 리처드슨은 인디언들이 들소나 늑대 등 야생동물을 길들였으며, 어린 곰을 키울 때는 여자들이 젖을 먹였다고 한다. 18세기 스페인 탐험가 후안과 울로아는 인디언 여성들이 가금류를 비롯한 가축들을 오두막 안에서 키우기만 하고 잡아먹지 않았다고 했다. 19세기 아마존 지역을 탐방한 영국 박물학자 베이츠도 한 부족이 기르는 포유류가 무려 22종류나 되었다고 전했다. 지금도 베네수엘라 오리노코강 어귀에 사는 와라우족은 새, 원숭이, 개, 닭 같은 각종 동물들을 집 주변에서 기른다. 이는 모두 순전히 즐거움을 위한 것이며, 절대 잡아먹지 않는다. 이외에도 원시생활을 하는 부족이 반려동물을 기르는 사례가 많다. 동물을 키우고 교감을 나누고 싶은 것은 인류의 본성이다.[8]

특별한
반려동물, 개

반려동물로서 개는 인류에게 가장 특별한 존재이다. 개는 약 1만 5천 년 전 가축이 된 후 인간이 수렵채취인에서 목축인, 농경인, 도시인으로 변해가는 시간을 함께했다. 그 과정에서 인간과 개는 교감하며 함께 생활했고, 그러한 유대관계가 인간과 개 모두의 유전자에 각인되었다.[9] 모든 가축 중에서 가장 오래 길러진 개는 인간과 교감을 가장 잘한다. 개는 인간의 표정과 행동을 이해하고 민감하게 반응한다. 개는 심지어 인간과 유전적으로 가장 가까운 침팬지보다 인간의 마음을 읽는 데 뛰어나다. 불투명한 용기 두 개를 탁자에 올려놓고 그중 하나에 음식을 넣었을 때, 침팬지는 시각적인 단서를 주어도 어느 용기에 음식이 있는지 알아차리지 못했다. 음식이 담긴 용기를 손으로 가리키거나 응시하고 만져도 마찬가지였다. 그러나 개는 쉽게 맞혔다. 인간이 보내는 표시를 알아차리는 것이 개과동물의 일반적 특징일지도 모른다는 생각에서 늑대에게도 동일한 실험을 했는데 역시 인간의 신호를 알아채지는 못했다. 반면 개는 다양한 연령대를 대상으로 실험을 했는데도 모두 인간의 신호를 잘 이해했다.[10] 인간과 교감하는 능력이 대대로 DNA에 새겨진 것이다.

무엇보다도 개는 자신을 기르는 사람을 좋아하며 호감을 잘 표현한다. 가게에 5분만 다녀와도 마치 5년 만에 돌아온 것처럼 열광적으로 맞아주는 개를 어떻게 좋아하지 않을 수 있냐고 말하는 사람도 있다.[11] 이는 무리 생활을 하는 개과동물의 특성에서 비롯된 것으로, 무리 구성원에 애정을 보이는 것처럼 주인과 그 가족에게 애정을 느낀다. 이렇게 강한 호감을 보이는 개의 모습에 인간은 다른 동물보다 개에게 강한 애착을 갖게 되었다. 그래서 개를 기르는 대부분의 사람들은 개에게 이름을 붙이고 가족처럼 생각한다.

이스라엘 북부의 구석기시대 유적지에서 성별을 알 수 없는 늙은 사람의 유골과 5개월쯤 된 개의 유골이 발견되었다. 약 1만 2천 년 전에 매장된 것으로 보이는데, 사람이 왼손을 개의 머리뼈 위에 얹어놓은 자세였

다고 한다. 이는 인간과 개의 최초의 관계가 애정 어린 것이었음을 보여준다.[12]

인간은 다른 동물에 비해 개에게 특별한 애정을 쏟는다. 요즘은 사람보다 개에게 더 애정을 쏟는 경우도 많다. 개를 키워본 사람들은 그 영민함과 인간의 감정을 이해하는 능력에 매력을 느낀다. 개는 인간의 표정, 말, 행동이 무엇을 의미하는지 잘 알아챈다. 인간도 개의 표정, 소리, 움직임이 무엇을 의미하는지 파악하려고 노력한다. 그래서 인간은 개를 특별히 여기고 존중한다.

아기 같은 개의 얼굴도 인간이 개를 좋아하는 이유 중 하나이다. 개는 늑대와 달리 둥근 얼굴, 작은 코, 입이 작은 유아적인 형태로 진화했다. 인상이 아기 같은 존재에 대해 인간은 애정을 주고 보호본능을 느낀다. 아이를 보호하기 위한 심리기제이지만 인상이 유아적인 다른 동물의 새끼도 귀엽다는 느낌을 갖는다. 말티즈, 치와와, 포메라니안과 같은 품종은 유아적 형태가 두드러져 이러한 심리기제의 혜택을 받아 반려견으로 인기가 많다. 흔히 사람들은 반려견을 아이처럼 대하고 말을 걸 때도 어린아이에게 말하듯 한다. 개에게 본인을 '엄마', '아빠'라고 하는 경우도 많다.

핵가족화와 1인 가족이 늘면서 정신적인 위안을 주는 반려견을 키우려는 수요가 늘었다. 우리나라 사람들도 많은 반려동물을 키우고 있는데, 이 중 개의 비중이 85.6퍼센트로 압도적이다. 전국적으로 약 500만 마리 이상의 반려견이 있는 것으로 추정된다. 반려견은 인간에게 생리적으로 안정감을 준다. 인간의 호르몬 중 옥시토신oxytocin은 친근함과 공감을 갖게 하는 역할을 한다. 옥시토신은 엄마와 아기의 유대를 비롯해 다른 사람과의 관계를 공고히 하도록 작용하는데, 반려견과의 관계에도 작용된다. 남아프리카공화국 출신의 연구자인 요하네스 오덴달Johannes Odendaal과 로이 메인체스Roy Meintjes는 18명의 사람과 개가 친근한 관계를 맺도록 하는 과정 전후에 혈액 화학검사와 혈압 측정을 했다. 그 결과 사람과 개 모두 옥시토신 농도가 2배로 올라갔고, 사람의 혈압이 극적으로 떨어졌다. 이는 반려동물이 사람에게 옥시토신 생성을 촉발한다는 증거이다.[13]

사람과 함께 있는 것보다 반려견과 있는 것이 심리적으로 편안함을 준다는 결과도 있다. 2002년 뉴욕주립대학교 버펄로 캠퍼스의 연구에 따르면 개와 단둘이 몇 분을 보내는 것이 배우자나 친한 친구와 대화를 하는 것보다 스트레스를 줄이는 데 효과적이라고 한다. 2006년 세인트루이스 대학교 의학대학원 연구에 따르면 요양 시설 거주자들이 다른 사람과 있는 것보다 개와 있을 때 고독감을 더 잘 달랠 수 있었다고 한다. 인간과 개의 사이는 같은 종보다 더 강한 심리적 안정을 얻을 수 있는 관계인 것이다.[14]

다양한 도움을 주는 개

개는 반려동물로만이 아니라 인간에게 다양한 도움을 주었다. 최초에 개는 인간의 거주지를 지키는 용도로 길러졌고, 사냥에도 함께 했던 것으로 추정된다. 미국 과학전문 매체 〈라이브사이언스〉에 따르면 사우디아라비아 북서쪽에 위치한 유적지에서 8000~9000년 전에 그려진 것으로 추정되는 암각화에 화살을 든 사냥꾼과 13마리 개의 모습이 발견되었다. 암각화에 그려진 개 중 2마리는 목줄에 묶여 있었다. 그때도 개에게 목줄을 했으며 사냥에 이용했을 것이라고 추측된다. 암각화에 그려진 개는 우리나라 진돗개와 매우 비슷한 '가나안(케이넌) 도그Canaan dog'의 모습이었다.[15]

사냥을 할 때 인간과 개의 감각기능은 상호보완적이다. 인간은 시각이 발달했고, 개는 후각과 청각이 발달했다. 인간이 22미터 떨어진 곳에서 볼 수 있는 대상을 개가 보려면 6미터 거리까지 접근해야 한다. 인간은 다양한 색을 구별하지만 개는 거의 색맹 수준에 가까울 정도로 색을 구별하지 못한다. 반면 개의 후각은 인간의 10만 배에서 10억 배 정도라고 한다. 성별이나 개체 등을 모두 냄새로 분별하며, 먹이를 찾는 데도 주로 후각에 의존한다. 청각은 인간의 청각과 비교하면 4배나 먼 거리의 소리를 들을 수 있다. 또 인간은 약 2만 헤르츠까지의 소리를 감지하는데, 개는 7만~12만 헤르츠까지 들을 수 있다.[16]

인간은 개의 뛰어난 감각을 다양한 목적에 이용하기 위해 개를 개량했고 다양한 품종이 만들어졌다. 현재 개의 품종은 약 200종으로 경비견, 군견, 사냥개, 양치기개, 썰매개, 마약탐지개 등 수많은 용도로 사용된다. 품종 간의 계통관계에 대해서는 여러 설이 있으나 아직 정설이라고 할 수 있는 것은 없다. 그러나 딩고Dingo나 파리아개Pariah dog에 가까운 포우티아니티Poutianiti가 모든 품종의 조상형으로, 거기에서 네댓 가지 형이 생겨나 현재와 같이 다양한 품종이 되었다고 보고 있다.[17]

개가 인간에게 다가오기까지

생물학자 로버트 웨인Robert Wayne의 연구진이 개 140마리의 혈액에서 얻은 미토콘드리아 DNA를 늑대 162마리와 비교했는데, 약 1퍼센트의 차이가 있었다. 약 100만 년 전에 서로 갈라진 것으로 보는 늑대와 코요테의 차이가 7.5퍼센트인 것을 대입하여 늑대와 개가 유전적으로 갈라진 시기를 추정하면 100만 ÷ 7.5, 대략 13만 5천 년 전이다.[18] 1만 5천 년 전 가축이 되기 전의 12만 년 동안 개는 인간 거주지 주변에서 서성거렸다. 그리고 현재도 많은 개들이 인간 거주지 주변에 있다. 개가 가축이 되는 과정은 1만 5천 년 전에 일제히 이루어진 것이 아니라 그전에도 시도되었던 것으로 보인다. 약 2만 6천 년 전 벽화가 그려져 있는 프랑스 쇼베 동굴 바닥에는 한 소년이 지나간 발자국이 찍혀 있는데, 그 옆에는 커다란 개과 동물의 발자국이 있다. 발자국의 모양을 보아 이 동물은 늑대보다 개에 가깝다.[19]

인간 주변에 머물면서 개는 늑대와 교미하지 않게 되었고 유전적으로 분리되었다. 개의 행동 특성과 사는 영역이 변하면서 늑대와 유전적 교류가 단절된 것이다. 지금도 개와 늑대가 같이 사는 지역에서 두 종류 간에 유전적인 교류가 이루어진 증거는 없다. 이탈리아 학자들의 연구에 따르면 쓰레기장을 차지한 개들이 늑대들의 접근을 막았다고 한다.[20] 13만 5천 년 전부터 인간 주변에서 영역을 구축한 개들은 외모도 늑대와 달랐을 것이다. 그래야 늑대를 보면 공격하는 인간들이 개를 구별하고 공격하지 않았을 것이기 때문이다. 실제로 벨기에의 한 동굴에선 약 3만 1700년 전으로 추정되는 현재의 개와 유사한 두개골이 발견되었다. 아마 골격이나 크기만이 아니라 털빛과 외양도 늑대와 다르지 않았을까 생각된다.

유전적인 격리는 많은 변화를 가져온다. 침팬지와 보노보는 인간과 유전자가 가장 가깝지만 행동은 전혀 다르다. 침팬지는 성향이 사납고 폭력적이다. 가부장적인 구조로 수컷이 암컷을 심하게 지배하며 성교는 번식을 위해서만 한다. 수컷끼리는 지배층이 되기 위해 늘 싸우며 동맹을 맺어 다른 개체를 공격한다. 반면 보노보는 온순하며 평화로운 생활을 한다. 모계사회 구조로 암컷이 집단의 구심적 역할을 한다. 성교는 번식과 상관없이 수시로 이루어진다. 이성뿐 아니라 동성 간에도 빈번히 이루어지고 늙은 개체와 젊은 개체 사이에도 이루어진다. 보노보는 성교를 통해 갈등을 해소하고 집단의 유대를 다진다.

영장류 동물학자 리처드 랭엄Richard Wrangham과 브라이언 헤어Brain Hare의 분자 유전학적 비교에 따르면 약 200만 년 전 콩고강이 생기면서 침팬지와 보노보는 공통의 조상에서 갈라졌다. 콩고강 남쪽 지역에 정착한 집단은 보노보가 되었고, 강의 북쪽과 서아프리카와 중앙아프리카를 가로지르는 넓은 지역에 정착한 집단은 침팬지가 되었다. 양질의 식량이 널려 있는 콩고강 남쪽 집단은 식량을 위해 다툴 필요가 없었다. 풍요로운 세상에서는 공격적인 태도보다 상대방에게 온화한 태도가 더 유리했다. 먹이를 찾으려고 쫓길 필요가 없는 이 집단에서는 다른 개체와 유대를 잘하는 개체가 번식에 유리했고 점점 현재와 같은 보노보가 되었다.[21] 반면 콩고강 위쪽, 먹이가 풍족하지 못한 지역의 집단은 거칠고 공격적인 침팬지로 진화했다. 개도 늑대와 유전적으로 분리되고 안전한 조건에 살면서 훨씬 온순한 동물이 되었을 것이다. 그러나 사냥으로 먹잇감을 얻고 천적과 대항해야 하는 늑대는 거친 성격이 강화되었을 것이다.

13만 5천 년 동안 이루어진 개의 가축화 과정은 지금도 이루어지고 있다. 인도, 동남아시아, 아프리카 등 세계 각지의 마을에 음식물 쓰레기를 먹으며 자유롭게 살아가는 들개들이 있다. 이들은 누구의 소유도 아니며 인간 거주지 근처에서 산다. 대부분 지역의 들개는 사람에게 공격적이지 않으며 두려움을 보이지도 않는다. 개의 조상이 살아가는 모습은 들개의 삶과 유사했을 것이다. 그리고 지금도 끊임없이 들개 중 일부는 집개가 되고 있다. 들개와 집개 모두 개가 살아가는 모습이다. 그리고 들개가 사는 모습이 오히려 개가 사는 방식의 원형에 가깝다.

벨랴예프의 가축화 실험

인간 거주지 주변을 서성이던 들개가 집개가 되면서 어떤 변화가 일어났을까? 러시아의 생물학자 드미트리 벨랴예프Dmitry Belyayev가 이끄는 연구팀은 1959년부터 온순한 은여우를 선발했다. 이 은여우들을 집중적으로 교배하면서 생기는 변화를 추적해 야생동물이 어떤 과정을 통해 가축이 되었는가를 밝히는 실험을 시작했다. 지금까지 계속되고 있는 이 실험으로 은여우를 길들이는 가축화는 돌연변이가 누적되어 생긴 것이 아니라 잠들어 있던 유전자가 활성화되면서 이루어졌다는 이론을 증명해 나가고 있다. 원래부터 가축화가 가능한 유전자가 있었으나 잠들어 있다가 가축화를 집중적으로 선택하면서 활성화되었다고 보는 것이다. 때문에 돌연변이가 누적되어 이루어지는 진화와 달리 단기간에 가축화가 가능했다는 것이다. 벨랴예프 실험에서 은여우들은 짧은 시간 안에 가축의 특성을 강하게 드러냈다.

온순한 여우를 집중 교배하는 과정에서 개와 비슷한 모습이 많이 나타났다. 우선 행동이 개와 비슷해졌다. 1964년 6세대, 단 5년 만에 여우는 사람에게 다가와 코를 비비고 배를 문질러 달라고 등을 대고 눕거나 사람의 손을 핥고 낑낑거리며 사람의 관심을 끌려고 했다. 개처럼 꼬리를 흔들었고 사람의 관심을 끌기 위해 행동하고 애교 섞인 소리도 냈다. 사람이 부르면 달려오고 사람과 산책하는 것을 무척 좋아했다. 심지어 임신 가능 기간도 늘어났다. 야생 포유류는 일 년에 한 번 특정기간에 번식을 하는데 가축은 일 년에 여러 차례 특정한 시기 없이 새끼를 낳는다. 실험이 계속되면서 1년에 임신 가능 기간이 두 차례인 여우도 생겼다. 거의 개와 비슷한 동물이 되어갔다.

여우의 외모도 개와 닮아갔다. 8세대에는 꼬리가 말렸다. 10세대에는 귀가 늘어진 여우가 태어났다. 새끼처럼 어려 보이는 얼굴, 주둥이가 짧고 동그란 얼굴, 큰 눈, 작은 코 등 어린 시기의 특징을 성체가 되어서도 유지했다. 반점이 있는 여우들도 나타났다. 반점이 생존에 특별히 유리할 것이 없다는 점을 생각하면 모든 변화가 인간과 잘 지내려고 합목적적으로 이루어진 것은 아니라고 추측되었다.

일반적인 여우들은 새끼 때는 호기심과 장난기가 많지만 성장을 하면 신중하고 경계심이 높아진다. 그러나 온순한 여우들을 교배한 후손들은 더 오랫동안 호기심과 장난기를 유지했다. 마치 피터팬처럼 더 이상 성장하지 않고 어린 여우로 남아 있으려는 것 같았다. 사람에게 낑낑거리는 행동은 어린 새끼들에게 나타났다 사라지는 행동이다. 사람과 같이 있을 때 온순하고 편안해하는 것도 어린 새끼들의 행동이다. 그런데 길들여진 여우는 다 커서도 어릴 때의 행동을 유지했다.

벨랴예프는 가축화에 따른 외모와 행동의 변화, 어린 시기의 특성을 커서도 유지하는 것이 호르몬을 통제하는 유전자와 관계 있다고 보았다. 호르몬의 변화에 따라 기존 유전자가 활성화되거나 불활성화되면서 많은 변화가 홍수처럼 일어났다는 것이다.[22] 스트레스 호르몬 수치는 어린 시기에는 낮았다가 성장을 하면 높아진다. 길들여진 여우는 더 늦은 시기에 스트레스 호르몬 수치가 올라갔고 성년기에도 다른 여우의 50퍼센트 이하에서 안정적으로 유지되었다.[23] 반면 야생여우는 생후 45일 무렵부터 스트레스 호르몬이 급증했다.

길들여진 행동과 호르몬의 관계를 증명하기 위한 실험도 진행되었다. 클로디테인이라는 화학물질은 스트레스 호르몬 분비를 어느 정도 차단하는 효과가 있는데, 생후 45일 이전에 클로디테인을 여우에게 먹이자 길들여진 여우와 유사한 행동을 보였다.[24] 길들여진 여우는 세로토닌 serotonin 호르몬 수치가 다른 여우에 비해 월등히 높았다. 세로토닌은 기분이 좋아지고 불안이 줄어드는 효과가 있기 때문에 길들여진 여우는 다른 여우보다 훨씬 행복해 보였다. 세로토닌을 인위적으로 주입하는 실험에서도 호르몬이 주입된 여우는 길들여진 여우와 비슷한 행동을 했다.[25] 늑대와 개를 비교해도 개의 세로토닌 수치가 훨씬 높다.[26] 시간이 지날수록 이렇게 길들여진 특성이 강한 여우의 비율이 늘어나 1980년에는 전체 700마리 여우 중 70~80퍼센트가 길들여진 특성을 보였다.[27]

사람들도 온순한 여우에게 영향을 많이 받았다. 관심을 끌려는 여우들의 행동을 물리치지 못하고 애정을 주고 쓰다듬고 즐거워했다. 여우와 사람 사이에 호의적인 감정이 교류되면서 실험 참가자들은 여우를 보고 마치 자기 자식이나 손자를 대하듯 기뻐서 어쩔 줄 몰라 했다. 순한 여우의 유아적 특성이 마치 부모 자식 사이의 느낌과 비슷한 정서를 형성한 것이다. 여우는 아이가 부모에게 하는 것처럼 사람의 관심을 끌려 했고 같이 놀아달라고 졸랐다.

벨랴예프는 이런 모든 특징이 온순함과 관련 있다고 생각했다. 가축화는 온순함을 집중적으로 선택하는 과정이다. 가축화 과정에서 온순한 여우를 골라 교배함으로써 더 온순한 개체가 만들어졌다. 온순한 개체는 사람들과 더 가까워졌고 안정적으로 먹이와 안전을 보장받았다. 안전과 식량이 보장되면 동물은 어린 시기의 특성을 유지할 수 있는 것으로 보인다. 먹이 확보와 안전이 불안정해지면 사나움이라는 성체의 특성이 나타난다.

벨랴예프는 인간을 길들여진 유인원으로 보았다. 다른 동물들이 인간에게 길들여지듯 인간은 인간에게 길들여졌다. 사납고 자기 마음대로 행동하는 인간보다 사회규범에 순종적인 인간을 선호했다. 그런 사람이 생존에 유리했다. 또 온순한 배우자를 선택하고 반사회적인 사람은 교도소로 보내거나 사형을 시켜 체계적으로 번식에서 배제하면서 온순한 성격이 강화되었다. 탄탄한 사회구조 덕에 안전과 식량이 보장되면서 인간은 더 온순해지고 어린아이의 특성을 성년이 되어서도 유지하는 유형성숙幼形成熟, neoteny을 하게 되었다.

같은 영장류인 침팬지는 새끼 때는 얼굴이 둥글고 눈이 크지만 성숙하면 주둥이가 길고 얼굴이 울퉁불퉁하며 눈이 작다. 유순하면서도 천진한 성격도 사납고 예민한 성격으로 변한다. 반면 인간은 성숙해서도 외모의 변화가 크지 않고 성격도 그대로 유지한다. 개와 동일한 현상이다. 인간이 보이는 무한한 지적 호기심은 어린아이의 특성을 유지할 수 있었기 때문이 아닐까?

가축화의 특징은 극렬한 생존경쟁에서 벗어나는 것과 관련이 있다. 안전과 식량이 보장되자 가축화된 동물들은 뇌마저 작아졌다. 인간의 경우 뇌가 전체 체중의 2퍼센트에 지나지 않지만 전체 에너지의 20퍼센트를 소비한다. 안정된 환경에서는 그렇게까지 뇌를 쓸 필요가 없어 에너지 소비를 줄이기 위해 뇌가 줄어든다. 가축화하면서 돼지는 뇌가 34퍼센트 축소되고, 개는 10~30퍼센트가 축소된 것으로 추정된다. 인간도 고대인보다 10퍼센트가량 줄어들었다.[28]

사실 자연에서 자유롭게 살면서 많은 생각을 하지 않아 스트레스가 없을 것으로 보이는 야생동물들의 삶은 먹이 부족과 천적의 위험에 노출된 극도의 스트레스 상태이다. 반면 사회조직에서 인간은 좀 더 편안한 기분으로 살게 되었으며 뇌도 작아지고 유아적인 신체 특성과 온순한 성격을 갖게 되었다. 만일 안전과 식량이 보장되지 않으면 사나운 성인의 유전자가 발현될 것이다. 문명화되기 전, 즉 길들여지기 전 고대 인류는 어떤 맹수에도 뒤지지 않는 사나운 존재였다. 검치호랑이, 매머드, 털코뿔소, 대형 아르마딜로 등 상당수의 대형 포유류의 멸종이 시작된 시점이 고대 인류가 여러 대륙과 섬에 도착한 시점과 일치한다. 구석기 시대의 조악한 무기만으로도 인류는 최강의 사냥꾼이었다.

늑대와 달라진 행동 방식

가축이 되면서 개는 인간과 살기 더 좋은 방향으로 선택교배되었다. 늑대와 유전적으로 격리되면서 개의 조상은 온순해졌고 그런 온순한 개체들끼리 교배하면서 점점 더 온순해졌고 외형적인 변화도 생겼다. 개들 중에는 늑대에게 보기 힘든 흰색이나 얼룩무늬가 있는 개체가 많다. 귀가 뾰족하게 선 늑대와 달리 개의 귀는 처져 있는 경우가 많다. 또 온순하고 인간에게 순종적이다. 개는 어린 늑대를 많이 닮았다. 주둥이가 짧아지면서 귀여운 어린 늑대의 모습으로 바뀌었다. 어린 늑대만이 하는 짖는 행위를 개는 커서도 한다. 반면 성체 늑대가 자주 하는 하울링hawling을 개는 거의 하지 않는다.

인간의 음식을 먹으면서 개는 전분을 분해하는 유전자가 활성화되었고 육식성인 늑대와 달리 잡식동물이 되었다. 특히 인간이 농경을 시작하면서 개는 잡식동물의 특성이 강화되었다. 식물성 먹이를 잘 먹는 개들이 교배 과정에서 선택되었을 것이다. 먹이를 살육하는 경험을 하지 않고 인간의 음식을 편하게 먹게 되면서 개는 더 순해졌다.

같은 종을 대하는 행동 방식에서도 개는 늑대와 차이를 보였다. 집단사냥의 필요성이 없어지면서 서열 의식이 늑대에 비해 약해진 것이다. 또 개는 영역을 고집하려는 성질과 서로 협력하는 경향이 약하다. 늑대는 생후 4주가 되면 서로 떨어져 잠을 잔다. 반면 개는 성견이 되어서도 주인 옆에서 자려고 한다. 들개 중 사냥을 하지 않는 동네개들은 대체로 무리를 형성하지 않는다. 동네개의 영역은 겹치며 공간을 공유한다. 다른 개를 쫓아내거나 서열을 만들려고 하지도 않는다. 또 이들은 늑대처럼 어린 개체를 키우기 위해 무리 전체가 협력하지도 않는다.

교미행위도 일부일처이면서 무리 안에서 단 한 쌍만이 번식을 하는 늑대와 달리 개들은 자유롭게 교미를 한다. 협력하여 사냥하고 제한된 먹이로 번식해야 하는 늑대의 무리가 강력한 협동관계를 보이는 반면, 개들은 그럴 필요가 없다. 공격성과 공포심은 줄고 서열 의식도 느슨하다. 늑대는 서열에 따라 하위 개체가 상위 개체의 의사에 따라 행동하지만, 개들의 사회의식은 엄격한 신분제를 탈피해 민주화되었다.[29] 다만, 완전히 서열 의식이 없어진 것은 아니며 좀 더 완화된 형태로 남아 있다. 인간과의 협력관계는 이렇게 완화된 서열 의식을 기반으로 형성된다. 개들은 같이 사는 인간에게 이러한 서열을 적용하고 그 순위에 따라 행동한다. 만일 서열이 낮다고 생각되는 사람이 서열과 어긋난 행동을 하면 공격할 소지가 있다. 개 물림 사고의 상당수가 주인 가족에게 일어나는데 이는 잘못 형성된 서열 의식이 원인이다.

인간의 음식물을 먹으면 순해진다

개과동물이 인간이 버린 음식물에 적응해서 살게 되면 공격성이 줄어든다는 연구 결과가 있다. 마치 개의 조상들이 인간 거주지 주변에 머물며 인간의 음식물을 먹으면서 공격성이 줄어들어 결국 인간에 의해 길들여진 것과 같다. 호주 멜버른 디킨대학교 토머스 뉴섬Thomas Newsome 교수의 2004년 연구에 따르면 포식 활동을 하는 호주의 야생개 딩고 중 음식물 쓰레기에 의존하는 딩고는 공격성이 줄어들고 집개들과 교미하기 시작했다고 한다. 또한 음식물 쓰레기를 먹는 딩고의 유전자가 야생에서 사냥하는 딩고의 유전자와 고립되는 추세가 발생했다. 딩고가 다시 순화된 개가 되어가는 것이다.

이러한 경향은 늑대에게도 발견된다. 토머스 뉴섬 교수 연구팀이 학술지 〈바이오 사이언스〉에 발표한 결과에 따르면 현대에도 늑대가 개가 되어가는 과정이 진행되고 있다. 늑대가 점점 더 인구밀집 지역으로 서식지를 옮기고 있으며 먹이의 32퍼센트가 가축과 음식물 쓰레기와 같이 인간과 관련된 것이었다. 인간 주변에 살게 된 늑대는 사냥 본능이 점점 약

해지고 개와 교미를 하면서 야생의 늑대와 유전적으로 고립될 것으로 내다보았다.[30]

개과동물이 개가 되는 과정은 구석기 시대부터 지금까지 계속 진행되고 있다. 개의 조상은 인간의 음식물 쓰레기를 먹게 되면서 늑대와 유전자가 격리되고 공격성이 줄어들어 인간과 함께 살아가기 좋은 성품을 갖게 되었을 것이다.

북한산 들개는 개의 조상이 인간 주변에서 음식물 쓰레기를 먹었을 때와 비슷한 상황에 처해 있다. 공격성이 낮은 유전자를 유지할 가능성이 높은 반면, 음식물 쓰레기 의존도가 낮은 한라산 들개는 딩고처럼 사냥 본능이 강한 군집으로 변할 가능성이 있다.

04 들개의 사촌, 늑대

인간을 닮은 동물

인간의 통제 없이 사는 들개를 이해하려면 가축이 아니면서 유전적으로 가까운 늑대를 이해할 필요가 있다. 늑대를 떠올리면 제일 먼저 인간을 살상할 수 있는 사나운 맹수가 생각난다. 그러나 늑대는 우리가 생각하는 것처럼 사람을 해하는 동물이 아니다. 늑대는 인간을 무서워해서 오히려 피하고 보기 때문에 인명피해 가능성은 낮다. 예를 들어 북아메리카에서 지난 100년간 늑대가 인간을 죽인 경우는 단 두 번이다. 반면 2000년 이후에 곰이 사람을 죽인 사고는 35건, 1990년 이래 퓨마가 죽인 사람은 9명이다.[31]

미국의 자연 다큐멘터리 전문가인 짐 더처Jim Dutcher와 제이미Jamie 더처 부부는 늑대가 흉포한 맹수가 아니라 인간과 비슷한 점이 많은 동물이라고 한다. 두 사람은 아이다호의 소투스 야생지역에 10만 제곱미터의 울타리 안에서 늑대 무리와 같이 생활하면서 그들의 행동을 관찰하고 영상으로 찍었다. 그들은 해당 무리의 늑대를 어릴 때부터 키웠기 때문에 유대관계를 이룰 수 있었고 가까운 거리에서 관찰할 수 있었다. 이때의 경험을 정리한 책 『늑대의 숨겨진 삶The Hidden Life of Wolves』에는 늑대가 인간과 많이 닮았다는 점에 감동을 받았다고 적혀 있다. 표현력, 협동심, 가족에 대한 지극한 헌신, 새끼에 대한 맹목적 사랑을 보며 감동을 받은 것이다.

빈대학교의 동물학자 볼프강 슐라이트Wolfgang M. Schleidt는 인류는 영장류이지만 다른 영장류보다 오히려 늑대와 행동이 비슷하다고 말한다. 슐라이트는 「유인원, 늑대, 그리고 인류를 향한 긴 여행Apes, Wolves, and the Trek to Humanity」이라는 글에서 인내심, 충성심, 협동심, 그리고 자신의 직계 가족이 아닌 더 큰 사회집단을 향한 헌신은 다른 유인원에게서는 보이지 않는, 늑대와 인간에게서만 보이는 공통점이라고 했다.

제인 구달Jane Goodall도 침팬지들이 매우 개인주의적이며 야생에서 난폭하다고 말했다. 침팬지는 어미와 새끼, 형제 간의 유대는 있지만 그 외의 개체와의 관계는 매우 기회주의적이다. 그래서 오랜 시간 동안 인위적인 선택번식을 해도 인간과 어울려 친밀하게 지내는 것이 어렵다고 한다.[32] 인간과 늑대의 이 같은 유사점이 인간으로 하여금 늑대의 사촌인 개와 같이 살도록 선택하게 했을 것이다.

늑대는 여러 면에서 인간과 특성이 비슷하다. 영역을 중시하고 무리생활을 한다. 무리 안의 서열을 중시하며 높은 서열에 오르고 싶어 한다. 구성원 간의 애정이 강하며 서로 활발히 교감한다. 늑대는 인간처럼 정주동물이다. 방랑하는 이미지와 달리 늑대는 일정한 영역에서 정착해 살아간다. 자기 무리의 영역에 민감하며 다른 무리의 늑대가 침범하면 극렬한 싸움도 불사한다. 늑대는 영역을 확보하지 못할 때만 떠돌이가 된다. 자연 속에서 안정적인 영역과 먹이를 확보할 수 있으면 늑대는 인간 사회에 접근하지 않는다. 인간의 영역에 접근하는 늑대는 안정적으로 영역과 먹이를 확보하지 못한 개체일 가능성이 높다.

늑대는 사회적인 동물이라 무리에 있을 때 안정감을 느낀다. 그러므로 혼자가 된 늑대는 어떻게든 무리에 합류하려 한다. 늑대의 동료애는 매우 강해서 동료가 죽으면 울음소리를 내면서 슬퍼하며, 병약한 동료를 위해서 먹이를 가져다주기도 한다.

사람처럼 늑대 무리 안에 서열 관계가 있다. 늑대 무리의 서열은 구성원 간의 충돌을 줄이고 한정된 먹이와 번식의 기회를 배분하기 위해 필요하다. 또한 일사불란하게 효과적으로 사냥하기 위해서도 필요하다. 늑대와 인간 모두 자신의 서열에 민감하며 더 높은 서열에 오르려고 하지만, 늑대는 인간과는 달리 서열이 우위인 개체가 힘을 휘두르는 것에 반발하지 않는다. 오직 상대보다 우월하다고 느낄 때만 도전하고, 서열 관계는 힘의 우열에 의해서만 결정된다. 반면 인간은 약한 개체들이 연합하여 강한 개체를 제압하는 경우가 빈번한데, 전략적 제휴와 친분관계가 서열에 강한 영향을 미친다. 이처럼 인간은 개체의 능력보다 사회적인 관계에 따라 서열이 결정되는데, 같은 영장류인 침팬지도 이와 비슷하다.

늑대는 인간처럼 놀이를 한다. 머리를 낮추고 앞다리를 길게 쭉 펴고 엉덩이를 높이 들고 꼬리를 이리저리 흔들면 놀이에 초대한다는 의미다. 또 늑대는 주로 서로 쫓고 쫓기며 몸싸움을 하면서 논다. 이 놀이를 통해 구성원끼리 돈독한 유대관계를 만들고 강한 서열 구조에서 생기는 긴장을 해소한다. 놀이를 하는 동안은 서열 구조가 완화되어 우두머리가 다른 개체에게 쫓기거나 일부러 몸싸움에서 지기도 한다.[33] 마치 인간 사회에서 놀이를 하는 동안에는 위아래 없이 긴장이 풀어지는 것과 비슷하다.

늑대의 놀이 초대 행동.
머리를 낮추고 앞다리를 길게 쭉 펴고
엉덩이를 높인 상태에서 꼬리를 흔든다.

늑대의 무리 생활

늑대는 다양한 형태의 무리를 이루지만 대체로 한 쌍의 우두머리 암수와 새끼로, 핵가족 형태이다. 단, 새끼 중에는 그해에 태어난 새끼만 있는 것이 아니라 그 선해에 태어나서 성체 크기로 성장해 어린 동생을 돌보거나 때론 사냥에 참가하는 개체들도 있다. 늑대의 우두머리는 무리의 질서를 유지하고 행동을 결정하고 위험을 감지하며 사냥에 앞장선다. 대신 먹이를 가장 먼저 먹을 권리를 갖는다. 무리 가운데 우두머리 암수 한 쌍만 번식을 하며 다른 구성원은 새로 태어난 새끼들이 자라는 것을 도와주는 역할을 한다. 만일 다른 개체가 새끼를 낳으면 우두머리가 죽인다.

성장한 뒤에 무리를 떠나는 개체는 떠돌아다니다 다른 무리에 합류하거나 떠돌이 이성을 만나 새로운 무리를 이룬다. 보통 2년 정도가 되면 늑대는 성년이 되어 자신의 가족을 만들고 싶어 무리를 떠난다. 그리고 짝을 찾으면 부모와 새끼로 이루어진 새로운 무리를 형성한다. 이같이 전형적인 가족 형태 외에 이모나 삼촌, 형제자매, 조부모, 입양한 늑대까지 다양하게 구성되기도 한다.[34] 이는 인간의 다양한 가족 형태와 닮았다.

소속된 무리에 대한 늑대의 애착은 매우 강하며 무리 안 위계질서도 강하다. 우두머리의 명령에 따라 역할을 분담해 조직적으로 사냥하며, 사냥한 먹이는 다 같이 나누어 먹는다. 다른 늑대들이 사냥을 나간 사이 새끼를 돌보던 늑대가 혼자서 불곰과 맞서 싸우는 경우가 포착될 정도로 늑대는 무리에 대한 애착이 강하다.

늑대는 어떤 동물보다도 부부애가 강하다. 흔히 음흉한 바람둥이를 늑대로 표현하는데, 사실 늑대는 한번 인연을 맺은 암수가 정조를 지키며 평생을 같이 산다. 또한 늑대는 새끼에 대한 애정도 강하다. 먹이고 보살피는 것은 물론, 사냥 기술을 비롯해 새끼가 살아가는 데 필요한 방법들을 가르친다. 서식 조건이 안정되면 질서가 견고한 가족 단위의 무리 생활을 하지만, 늑대에 대한 포획이 이루어지는 불안정한 조건에서는 혈연과 상관없이 무리 생활을 하기도 한다. 마치 전쟁이나 유랑 생활로 가족이 파괴된 상태에서 형성된 일시적 인간 집단과 비슷하다. 연대는 느슨하고 지식은 전수되지 않는다.

늑대 무리는 서로를 돌본다. 미국 미네소타 주립대와 미시간 공대 연구진에 따르면 늑대는 나이가 들어 기운이 약해지면 사냥에서도 은퇴해 젊은 늑대들에게 의탁한다. 연구진이 옐로스톤 국립공원에서 인식표가 부착된 94마리의 야생늑대를 관찰한 결과에 따르면 늑대의 평균 수명은 5~6세이며 사냥 능력이 최고조에 달하는 시기는 생후 2~3세로 나타났다. 사냥은 신체적으로 극도로 힘든 일이라 전성기를 지난 늑대가 감당하기 어렵다.[35] 그들은 젊은 늑대가 잡아주는 먹이에 의탁할 수밖에 없는데 젊은 늑대들은 자연스럽게 늙은 늑대를 돌본다.

늑대와 개의 의사소통 방식

늑대는 구성원 간에 활발히 의사소통을 하는데 주로 소리, 몸짓, 냄새를 사용한다. 이러한 의사소통 방식은 상당 부분 개와 공유한다. 인간의 언어와 달리 늑대의 소리는 개별적인 의미가 없다. 그 의미는 상황, 표정과 몸짓, 소리의 높낮이와 크기로 결정된다. 특히 소리의 높낮이와 크기가 중요하다. 일반적으로 동물들은 큰 동물의 음파는 낮고, 작은 동물의 음파가 높다는 것을 본능적으로 알고 있다. 또 큰 동물이 큰 소리를 내고 작은 동물 작은 소리를 낸다는 것도 안다. 그래서 위협할 때는 낮은 음파와 큰 소리로, 호감을 표현할 때는 높은 음파와 작은 소리를 낸다.

늑대가 상대를 위협하는 으르렁거리는 소리는 낮고 크다. 이는 강력한 공격의 신호이다. 반면 끙끙거리는 소리는 복종이나 호감을 표현하는데, 대체로 소리가 높고 작다. 늑대 하면 떠오르는 하울링은 낮은 음파에서 높은 음파까지 다양한 음역대를 오간다. 주로 멀리 있는 동료를 부를 때 사용하는 하울링은 다양한 높이의 나무나 장애물을 넘어서야 하기 때문에 음역대가 다양해야 한다.[36] 늑대 무리는 때때로 함께 하울링을 하는데 이는 서로의 감정을 공유하고 결속을 다지는 행동이다. 무리의 구성원이 죽은 경우에도 하울링을 한다. 늑대의 하울링은 인간의 노래와 비슷한데 동족의 마음을 움직이는 역할을 하며, 둘 다 음역대가 다양한 점도 비슷하다.

늑대와 개의 차이는 늑대는 많이 울부짖고 거의 짖지 않는데, 개는 많이 짖지만 별로 울부짖지는 않는다. 개가 짖는 소리는 으르렁거리는 소리와 끙끙거리는 소리의 중간대 음역에 있으며 근거리에서 의사를 전달

하는 데 적합하다. 원거리에서 동료를 불러야 하는 늑대는 자주 울부짖어야 하고, 그럴 필요가 별로 없는 개는 울부짖지 않게 되었을 것이다. 대신에 주인의 관심을 끌어야 하는 개는 많이 짖게 된 것이 아닐까.[37]

늑대도 새끼는 짖는다. 개의 짖는 행위는 새끼 늑대의 성향에 가깝다고 볼 수 있다. 개의 외모가 성체 늑대보다 주둥이가 짧고 얼굴이 둥그스름하며 눈이 큰데 이는 어린 늑대와 닮았다. 어미 같은 주인에게 주의를 끌기에 알맞은 소리와 외모가 된 것이다. 개는 주인의 관심에 민감하고 문제를 접하면 주인을 쳐다본다. 이는 어린아이가 부모의 관심을 끌려 하고 문제가 생기면 부모에게 해결을 바라는 것과 비슷하다.

짖는 소리의 의미는 특별히 정해져 있지 않으며, 상대방의 주의를 끌기 위해 다양한 상황에서 짖는다. 낯선 사람을 쫓기 위해서나 나갔다가 돌아오는 주인이 반가울 때도 짖는다. 심통이 나거나 산책을 가고 싶을 때, 장난치고 싶을 때도 짖는다. 그 의미는 상황과 몸짓, 음색과 크기 등이 결합해 정해지는데 인간도 상당 부분 그 의미를 구별한다. 이처럼 개가 내는 소리를 이해하게 되면서 인간과 개의 결속은 공고해졌다. 인간의 언어도 개가 짖는 소리처럼 중간 음역대에 속한다. 개는 다양한 상황에서 짖는 것으로 표현하는 반면, 인간은 소리와 언어가 발달해 다양하게 표현할 수 있다. 어쩌면 개의 소리도 모두 다른데 인간이 대충 알아듣는 것인지도 모른다. 예를 들어 말은 두 가지 주파수로 우는데, 첫 번째는 감정이 긍정이냐 부정이냐를 표현하고 두 번째는 감정의 강약을 나타낸다.[38] 언젠가 개가 짖는 소리에 대해서도 세밀한 분석이 이루어질 것이다.

몸짓과 표정 같은 시각적인 이미지도 개와 늑대의 중요한 의사소통 방법이다. 지배나 위협은 이빨 드러내기, 눈 부릅뜨고 노려보기, 곧은 자세로 서기, 꼬리 곧게 세우기 등으로 표현한다. 웃는 표정, 시선 돌리기, 배 드러내고 눕기, 몸 웅크리기, 꼬리 뒷다리 사이에 넣기는 복종을 뜻한다. 꼬리는 늑대가 의사 표현에 자주 사용하는 신체 부위이다. 꼬리를 높이 세우고 빠르게 흔드는 것은 공격 의도를 나타낸다. 반면 반가우면 꼬리를 크게 흔든다. 낮은 위치에서 흔들면 복종의 표시이고, 중간 높이에서 흔들면 친밀감을 표현하는 것이다.[39]

냄새도 의사소통에 중요하게 활용된다. 소변에 있는 화학성분은 정보가 들어 있다. 여러 곳에 소변을 누어 영역을 표시하고 서로에 대한 정보를 나누며 짝짓기 정보도 교환한다. 항문샘에서 나오는 분비물로도 상대방에 대한 정보를 파악한다. 늑대에게 분비물은 사람의 명함과 같다. 늑대 무리는 이처럼 다양한 방법으로 의사소통하여 긴밀한 관계와 조직적인 행동을 만들어 간다.

최상위
포식자

근대 이전 시기의 호랑이나 현대의 멧돼지처럼 생태계 최강자는 항상 인간과 갈등을 겪는다. 위협적인 느낌을 주는 동물이 같은 공간에 있는 것을 인간이 용납하지 않기 때문이다. 우리나라는 일제 강점기에 해수구제라는 명목으로 포식성 동물들을 절멸시켰다. 조선총독부에서 펴낸 월간지 〈조선휘보〉와 『조선총독부 통계연감』에 따르면 1915~1942년 사이에 호랑이 97마리, 표범 624마리, 곰 1,059마리, 늑대 1,369마리가 포획되었다. 기록에 포함되지 않은 것까지 합하면 이보다 훨씬 더 많은 동물이 사살되었을 것이다.

지배적인 자세

곧은 자세로 서기

곧게 세운 꼬리

이빨 드러내기

복종하는 자세

몸 웅크리기

뒷다리 사이에 숨긴 꼬리

웃는 표정

북반구 대부분 지역에서 최상위 포식자인 늑대는 인간과 오랫동안 갈등관계에 있었다. 두 종 모두 낮은 구릉지나 평야를 좋아해 살고 싶은 공간이 같았기에 충돌이 잦았다. 수렵시대에는 먹이를 놓고 경쟁했고 농경사회 이후로는 가축을 놓고 충돌했다. 그러나 총 같은 화약무기가 보급되면서 늑대는 인간에 의해 서식지에서 완전히 밀려나 오지에서만 살게 되었다.

최상위 포식자인 늑대는 생태계 조절자 역할을 한다. 미국에서는 가축과 사슴 같은 사냥감을 해친다는 이유로 늑대를 마구 사냥해 거의 절멸에 이르게 되자, 사슴과 같은 우제류가 이상 증식해 숲이 파괴되는 결과가 발생했다. 건강한 생태계를 위해서는 포식성 동물이 반드시 필요하다. 늑대가 절멸하면서 우제류의 이상 증식 문제가 벌어진 옐로스톤 공원에 1995년 캐나다에서 늑대를 들여와 다시 풀어주자 우제류가 적정 수준으로 조절되고 숲이 되살아난 사례는 유명하다.

우리나라에서도 늑대나 호랑이 같은 포식동물이 사라진 후 멧돼지와 고라니가 지나치게 많이 증식해 농촌에 큰 피해를 주고 있다. 늑대는 멧돼지의 주요한 천적이다. 늑대는 주로 새끼나 아성체를 잡아먹어서 멧돼지의 개체 수를 조절한다. 또한 고라니, 노루와 같은 발굽동물의 주요 천적이기도 하다. 우리나라의 멧돼지와 고라니 개체 수 증가는 늑대 같은 포식자의 절멸과 연관성이 있다. 생태계의 균형을 위해서 포식동물의 복원이 논의되었는데, 늑대가 그 대상으로 관심을 받고 있다. 인명피해 가능성이 높은 호랑이나 표범보다 늑대가 우선적으로 고려된 것이다.

늑대를 복원하려는 논의는 지지부진하다. 적절한 복원 대상지를 찾기 어렵고 인명과 가축 피해 가능성도 있기 때문이다. 논란이 있긴 하지만 대형 포유동물인 반달가슴곰의 복원이 비교적 원활하게 진척되고 있다. 그러나 늑대는 식물성을 주로 먹는 반달가슴곰과 달리 육식성이 강한 동물이다. 또 행동반경이 넓어 인구밀도가 높은 우리나라의 조건에서 인간과의 충돌 가능성이 상당히 높다.

종 복원에서 무엇보다 시민 안전이 고려되어야 한다. 생명은 존귀하지만 인명피해를 일으키는 야생동물은 사살이나 포획이 불가피하다. 그래서 조선시대에는 호랑이 사냥을 전담하는 '착호군'이라는 군사를 두었다. 현대에도 멧돼지가 시가지로 들어와 소동이 일어나면 전문포수가 나서서 사살한다. 복원이 시도된 늑대가 사람이 사는 곳으로 넘어와 인명피해를 일으킨다면 같은 운명을 맞을 수밖에 없다.

생태계에서 세대를 이어가는 동물은 인간과의 충돌을 피하는 습성을 이어가면서 인간과의 충돌이 드문 서식지에서 산다. 반면 어느 날 자연에 도입된 동물은 적합한 서식 방식을 익히지 못하고 좌충우돌하는 경우가 많다. 지리산 반달가슴곰도 벌통이나 염소를 공격하거나 과수나무 같은 농작물에 피해를 준 사례가 있다. 또 장독대 같은 기물을 파손하거나 등산객의 배낭이나 옷을 빼앗는 경우도 있었다. 소백산에 복원을 위해 처음으로 풀어주었던 여우는 민가의 아궁이에 들어가 재를 들이마시고 호흡 곤란으로 죽었다.

인위적으로 도입되는 늑대보다 현재 생태계에 정착해 살아가는 들개가 인간과의 충돌 가능성이 훨씬 낮다. 만일 인명피해를 일으키지 않으면서 적정한 서식지에서 고라니나 멧돼지의 개체 수를 조절하며 사는 들개 개체군이 있다면 이들에게 생태계 조절자의 지위를 줄 수는 없을까? 한라산 들개에 관한 기사를 보면 야생화된 개가 노루를 잡아먹어 생태계를 파괴하고 있다고 우려한다. 한라산 노루는 과잉 증식으로 문제가 되는 동물이다. 이런 동물을 포식하는 것은 생태계 조절자로서의 역할을 훌륭히 해내는 것이다. 개체 수 조절이 필요한 우제류를 포식하는 특성이 같은 들개와 늑대 중에서 왜 들개는 생태계 파괴자로 제거되어야 하고, 늑대는 생태계 조절자로 도입이 검토되어야 하는가? 만일 들개가 인간과 충돌 없이 자연환경에서 포식자로 산다면 그들의 삶을 인정해주어야 한다. 이는 유해조수를 조절하는 긍정적인 측면도 있다.

05 딩고, 야생을 찾아간 개

들개에는 숲이나 초지와 같은 야생에 사는 개와 인간의 거주지에 사는 개가 있다. 앞서 말했듯이 전자를 '야생개'로, 후자를 '동네개'라고 부르기로 한다. 야생개로는 딩고가 유명하고 동네개로는 인도 파리아개가 대표적이다. 딩고는 여러 면에서 늑대와 비슷한 행동 방식을 보인다.

딩고의 생태

들개라고 하면 가축화되었던 개가 야생으로 돌아가 사냥을 하며 사는 모습을 연상하는데, 딩고는 그런 이미지에 가장 잘 걸맞은 개이다. 딩고는 호주에 사는 들개로 원래 사람이 사육했으나 지금은 완전히 야생화되어 살고 있다. 성질이 거칠고 토끼, 양, 캥거루 같은 짐승을 사냥해서 먹는다.

딩고는 3,500~4,000년 전에 인도나 동남아시아에서 원주민과 함께 호주로 유입된 개가 야생화된 것으로 보고 있다. 가장 오래된 딩고 유골은 약 3,500여 년 전에 발견된 것으로 당시 유골과 비교하면 현재까지 딩고의 형태는 거의 변하지 않았다. 인위선택에 의한 변종 없이 자연선택에 의해 종의 형질이 이어져 왔으므로 초창기 개의 형태를 잘 보여준다. 당시 말레이 군도를 거쳐 호주로 이동하려면 적어도 50킬로미터 이상의 바다를 건너야 했기에, 딩고는 인간의 배를 타고 호주로 넘어왔으리라 추정된다.

딩고는 머리 모양과 몸매가 날렵하며, 몸무게는 15킬로그램이 조금 넘는 정도로 털색은 황갈색이 가장 많고 담황색, 검은색 등도 있다. 꼬리는 말려 올라가지 않고 곧게 뻗으며, 눈은 삼각형 또는 아몬드 형태로 암갈색이다. 딩고는 야생에서 3~5년 정도 살지만 집에서 키우면 다른 개들처럼 12~14년을 산다. 또 더운 지역에서는 야행성이지만 기온이 낮은 지역에서는 새벽과 황혼 무렵에 주로 활동한다.

한번 길들여졌던 종이어선지 딩고는 어려서부터 키우면 집개가 될 수 있다. 그러나 훈련이 잘 안 되고 소변으로 영역 표시를 자주하며, 낯선 사람에 대한 두려움이 많고 탈출 가능성도 높아 일반적인 개들보다 키우

전형적인 딩고의 모습.
털빛이 황갈색이며 머리와 몸매가 날렵하다.

기 어렵다. 오랜 세월 동안 사냥을 하면서 일반 개들과는 다른 유전자를 갖게 되었을 것이다.

딩고는 혼자 살기도 하지만 한 쌍 또는 3마리 이상의 무리 생활을 한다. 단독생활은 특히 막 독립한 젊은 딩고에게서 많이 보인다. 딩고의 무리는 안정된 서식 조건에서는 영역이 뚜렷하고 이 영역은 겹치지 않는다. 무리는 먹이의 크기가 클수록 커진다. 캥거루처럼 큰 먹이를 주로 먹는 지역에서는 딩고 무리가 큰 반면, 토끼나 쥐 같은 설치류에 의존하는 지역에선 소수의 무리를 짓는다. 딩고는 주로 육상동물을 사냥해서 먹지만 다양한 먹이에 적응할 수 있어 바다가 인접한 곳에서는 물고기를 잡아먹기도 하며 인간의 거주지 주변에선 음식물 쓰레기를 먹기도 한다. 무리로 사냥할 때는 매복해 있는 동료에게 먹이를 몰아가서 잡는 방법과 교대로 추적해 사냥감을 지치게 해서 잡는 방법을 주로 쓴다.[40]

무리 안의 위계질서가 확실하며 무리를 이끄는 암수 한 쌍을 중심으로 번식한다. 딩고는 야생에서는 매년 한 번씩 번식하고, 짝짓기는 주로 3~5월 사이에 이루어진다. 다른 개체가 새끼를 낳으면 늑대처럼 우두머리에게 죽임을 당한다. 큰 무리는 보통 한 쌍의 부부와 그해 낳은 새끼와 그 전해에 낳은 새끼가 함께 있어 늑대와 비슷한 무리를 이루고 공동양육을 한다. 또 딩고는 10여 가지의 소리로 의사소통을 하면서 무리를 모으고 적과 대적하기도 한다.[41] 사람이 키우는 개에 비해 덜 짖지만 늑대처럼 울부짖는다.

딩고와 흡사한 들개로는 뉴기니 고산개가 있다. 뉴기니 고산개는 동남아시아에서 넘어올 때 딩고와 갈라져 뉴기니에 정착한 것으로 추정되며, 딩고와 외모가 비슷하다. 뉴기니 고산개는 거의 짖지 않고 하울링을 많이 해서 노래개singing dog라고도 한다. 딩고와 뉴기니 고산개의 짖음과 하울링 간의 비율은 개과동물의 야생화 정도와 상관관계가 있는 것으로 보인다. 뉴기니 고산개는 야생에서는 거의 사라지고 약 300마리 정도가 동물원에서 사육되고 있다. 그런데 2016년에 뉴기니섬 파푸아의 고산지대에서 15마리 정도의 뉴기니 고산개가 야생에서 서식하는 것이 확인되었다. 최근에는 뉴기니 고산개는 집개가 다시 야생화된 것이 아니라 한 번도 길들여지지 않은 채 야생에서 살았으며, 늑대와 개 사이의 잃어버린 진화 고리라는 주장이 제기되고 있다. 뉴기니 고산개의 배설물을 추출해 유전자를 분석한 결과, 뉴기니섬 주변 마을의 집개들과는 다른 것으로 나타났다.[42]

딩고와
인간의 관계

호주 원주민 사회에서는 야생에 사는 딩고와 부족이 키우는 딩고가 함께 살았지만, 원주민 사회가 붕괴된 뒤 집에서 키우던 딩고들이 모두 야생화되었다. 딩고는 들개가 야생의 포식자가 될 수 있음을 보여주는 좋은 사례이다. 이들은 인간에게 의존하지 않고 평원에 서식하며 포식자 역할을 한다. 호주에는 개과동물이 살기 좋은 넓은 초지가 있고 호랑이와 표범 같은 경쟁자가 없어서일 가능성이 높다. 딩고의 생태적 지위는 다른 지역의 늑대와 비슷하며 인간과의 갈등 양상도 비슷하다. 이들은 캥거루뿐만 아니라 토끼나 쥐 등을 포식해 생태계를 조절하는 긍정적인 역할을 한다. 하지만 가축을 공격해서 갈등을 일으키기도 한다. 그 때문에 딩고는 사람들에게 사냥되어 개체 수가 많이 줄어들었고, 다른 집개들과의 교잡까지 겹쳐 그 수가 감소하고 있다. 가축과 달리 인명피해는 거의 없지만 사람들은 딩고를 맹수로 여겨 두려워한다.

딩고에 의한 가축 피해는 주로 양에게 발생한다. 가축 피해가 심한 지역에서는 목축업자나 지방정부가 총기, 덫, 독극물로 딩고를 잡고 있다. 그러나 딩고에 의한 가축 피해가 과장되었다는 의견도 있다. 가축은 여러 가지 원인으로 죽을 수 있는데, 다른 이유로 죽은 가축을 딩고가 죽인 것으로 잘못 알았을 수도 있다는 것이다. 오히려 딩고가 캥거루와 설치류를 포식해 목축업에 도움을 준다는 의견도 있다.

호주인은 딩고에 대해 양가감정兩價感情을 갖는다. 멋진 포식자로 매력을 느끼고 경외하지만 가축을 해치는 유해동물이라고 미워한다. 딩고에 대한 정책은 지역에 따라 다르다. 딩고를 유해동물로 보고 개체 수를 억제하는 정책이 시행되는 지역이 있는 반면, 보존해야 할 동물로 보호 정책을 시행하는 곳도 있다. 딩고에 의한 가축 피해가 있는 곳에는 딩고의 수를 억제하는 법령이 제정되었다. 남호주나 서호주 지역에서는 딩고의 침입을 막는 울타리가 세워졌고, 딩고 사냥 전문가가 생겨났다. 이들은 총기, 덫, 독극물이 든 미끼로 딩고를 잡고 있고, 딩고 펜스Dingo fence가 1920~1940년대에 수천 마일에 걸쳐 세워졌다. 농경업자나 목축업자의 토지에 세워진 울타리는 서로 연결되어 딩고의 침입을 막고 있다.

반면, 딩고에 대해 우호적인 정책을 시행하는 곳도 있다. 뉴사우스웨일스에서는 딩고도 행동에 따라 '개'로 정의하여 야생동물이 아닌 반려동물로 키울 수 있다. 일반 개와의 교잡이 없어 순수한 혈통을 유지하고 있는 프레이저섬에서는 딩고를 보호하는 정책을 시행하고 있다. 이 섬처럼 일부 외딴 지역에서는 딩고의 순수한 유전자가 보전되고 있지만 일반 개들과의 교잡으로 위협받고 있는 것도 사실이다. 따라서 개가 없는 완충지대를 두어 딩고를 보존하자는 이야기도 나오고 있다.

호주 북부에 있는 퀸즐랜드에서는 딩고 보호정책과 포획이 동시에 이루어지고 있다. 딩고를 희귀야생동물로 분류해 국립공원과 보전 지역에서 보호하는 반면, 딩고에 따른 피해가 있으면 목축업자나 농경업자에게 포획할 수 있도록 했다.[43]

06 동네에 사는 파리아개

파리아개의 생태

사냥하는 딩고는 특수한 경우이며, 대부분의 들개는 인간의 거주지 주변에서 음식물 쓰레기를 먹으며 사는 동네개인데, '파리아개Pariah dog'라고도 한다. 파리아개는 인도나 동남아에서 가장 많이 볼 수 있으나 유럽, 아프리카, 미국 등에도 있다. 대부분의 들개는 딩고처럼 야생에 살기보다는 파리아개처럼 주택가에 사는 것을 택했다. 개의 조상과 같은 선택이다. 그래서 파리아개는 야생에 사는 늑대나 딩고보다 번성했다. 들개는 주택가를 선호하는데, 음식물 쓰레기나 사료를 훔쳐 먹을 수 있고, 기회가 되면 가축도 잡아먹을 수 있어서이다. 멧돼지나 고라니 같은 야생동물을 잡는 것보다 성공률이 높고 부상 위험도 작다.

딩고가 늑대와 비슷한 행태를 보이는 것과 달리 파리아개는 늑대와는 행동이 많이 다르다. 우선 파리아개의 영역은 아주 좁다. '버려진', '부랑하는'이라는 뜻을 지닌 '파리아'라는 이름과 달리 파리아개는 여기저기 떠돌지 않으며, 대부분 사방 500미터 이내에 살기 때문에[44] 동네개라는

세계 곳곳의 다양한 장소에서
많은 파리아개가 주인 없이
자유롭게 살아가고 있다.

표현이 더 정확하다. 사냥을 위해 넓은 영역을 돌아다니는 늑대와는 다른 모습이다.

파리아개 무리는 서열이 뚜렷하지 않다. 가족을 중심으로 형성된 늑대나 딩고 무리는 일사불란하게 움직여 사냥해야 하기 때문에 서열이 뚜렷하고 단결력도 강하다. 반면 파리아개는 인간의 음식물에 의존하기 때문에 굳이 협동할 필요가 없고 구성원의 변화도 많아 서열이 의미가 없다. 대부분 서너 마리의 작은 무리를 이루어 일정한 영역에서 살며 느슨한 서열과 유대를 보인다. 늑대 무리가 가족이라면 파리아개 무리는 유랑인과 비슷하다. 이들은 공동사냥과 공동육아를 하지 않는다.

늑대 무리가 일부일처제 중심으로 살아가고 무리 중 한 쌍만 번식하는 것과 달리, 파리아개는 암컷이 발정을 하면 여러 수컷들이 몰려들고 그중에서 암컷이 적당한 상대를 골라 교미한다. 한배에 여러 수컷의 새끼를 배는 경우도 있다. 때로는 지속적이고 견고한 유대를 맺기도 하지만,

그들의 유대는 대부분 번식기에만 일시적으로 반짝했다 사라진다. 늑대나 딩고에 비해 파리아개는 훨씬 느슨하고 자유로운 무리를 이루기 때문이다.[45] 사냥을 하는지 아니면 음식물 쓰레기를 먹는지가 개의 행동에 결정적인 영향을 준다. 포식자인 딩고도 음식물 쓰레기를 먹으며 사는 곳에서는 파리아개처럼 견고한 무리를 이루지 않고 영역 방어도 하지 않으며 공동육아도 하지 않는다.

세계 곳곳의
파리아개

파리아개로는 인도 파리아개가 유명하다. 이들은 딩고처럼 날렵한 체형에 눈은 아몬드형의 짙은 갈색이며, 털이 비교적 짧고 주로 밝은 갈색이다. 간혹 검은색이나 얼룩무늬도 있으며, 교잡으로 털빛이 다양한 개체가 나타나고 있다. 인도 파리아개는 선택교배로 품종이 개량되기 전의 원형적인 형태의 개이다. 화산 폭발로 뒤덮인 이탈리아 폼페이나 나폴리의 유적에서 발견되는 개도 인도 파리아개를 닮았으며, 이스라엘과 중국에서도 비슷한 개의 화석이 발견되었다. 자연 상태에서 진화한 인도 파리아개는 유전적인 특징이 다양하다. 체질이 강하고 열악한 환경에서도 잘 살아간다.

많은 수의 인도 파리아개는 도시나 농촌에서 동네개로 살아가는데, 사람을 잘 따라 새끼 때부터 키우면 쉽게 길들일 수 있다. 이는 딩고와는 다른 행동 양상이며 인간의 음식을 먹는지, 사냥을 하는지에 따라 유전자에 영향을 미치는 것으로 보인다.

인도 파리아개처럼 살아가는 동네개는 세계 곳곳에 있다. 미국 남동부에 캐롤라이나개라는 동네개가 있다. 미국 인디언이 키우던 개로, 아시아에서 유입된 것으로 보고 있다. 몸무게 20킬로그램 미만의 중형개로 귀는 뾰족하게 서 있고, 길쭉한 얼굴에 털빛은 대체로 황갈색 계통이다. 몸매는 살이 찌기도 하고 날씬하기도 하다. 캐롤라이나개들은 일반적으로 사람이 많은 곳을 좋아하지 않지만 나무가 적절히 우거져 있는 곳이면 공장이나 고속도로 근처에서도 무리를 형성한다. 야생의 캐롤라이나개도 어려서부터 키우면 훌륭한 집개가 될 수 있다고 한다.[46] 네팔의 동네개들은 쓰레기장에 모여 사는데, 주민과의 관계는 나쁘지 않다. 주민들이 주변의 동네개를 초대해 먹이를 주는 날도 있다.

파리아개는 유럽권에서는 이탈리아 · 루마니아 · 러시아 · 세르비아, 아시아권에서는 필리핀 · 태국 · 아프카니스탄, 중남미에는 멕시코 · 쿠바 · 브라질 등지에서 잘 적응하며 살아간다. 음식물 쓰레기장이나 사람의 거주지와 가까운 곳에서 많이 볼 수 있는데, 지역에 따라서는 도시생활에 적응해 횡단보도로 길을 건너고 지하철과 버스를 타기도 한다. 모스크바 지하철에서는 동네개가 열차 의자에 버젓이 앉아 있어도 사람들은 별로 개의치 않는다.

표범과
파리아개

도시에는 의외로 많은 동물이 산다. 흔히 보이는 길고양이, 비둘기, 참새 같은 작은 동물뿐 아니라 표범 같은 커다란 포식자가 사는 경우도 있다. 도시는 가축과 음식물 쓰레기가 있어 자연 상태보다 먹이가 풍부하다. 그래서 인간의 거주지는 야생지역만큼이나 동물의 밀도가 높다. 파리아개도 같은 이유로 야생보다는 도시에 더 많은 개체가 산다. 파리아개는 음식물 쓰레기를 처리하는 청소동물의 역할을 하면서 가축을 잡아먹거나 대형 포식자의 주요 먹이가 되기도 한다. 인도에서는 파리아개가 외곽보다 도심에서 더 안전하게 살아간다. 도시 외곽에 사는 파리아개는 표범 같은 대형 포식자의 먹이가 되기 때문이다.

인도와 노르웨이 연구자가 인도 서부 마하라슈트라주의 농촌도시 아톨리에서 표범 배설물로 먹이를 분석했다. 표범은 인간 거주지와 아주 가까이 살아 인가에서 10미터 떨어진 곳에서도 배설물이 발견되었고, 인가와 표범 배설물 간의 평균 거리는 213미터에 지나지 않았다. 배설물 분석 결과 표범의 먹이 중 개가 39퍼센트로 가장 큰 비중을 차지했다. 파리아개가 자유롭게 돌아다니고 집개도 대부분 풀어 키워서 표범이 잡아먹기 좋기 때문이다. 염소는 개보다 7배나 많지만 11퍼센트만 표범의 먹이가 되었다. 염소는 사람이 지키거나 우리에 가두기 때문에 표범이 접근하기 어려운 이유였다.

2천만 명의 사람이 사는 인도의 뭄바이는 파리아개가 주민들의 보호를 받으며 자유롭게 사는 곳으로 유명하다. 뭄바이 근처에 북한산국립공원보다 조금 넓은 104제곱킬로미터의 산자이 간디 국립공원이 있다. 이곳에는 표범이 21마리나 서식한다. 표범은 사슴 등 발굽동물이 거의 없는 이곳에서 개나 쥐, 멧돼지 등을 먹고 사는데 파리아개가 가장 중요한 먹잇감이다.

국립공원 안에는 무려 25만 명이 불법 정착촌을 이루고 산다. 이곳의 주민들은 의외로 표범에게 관대하며 표범이 인간을 공격하는 경우도 드물다. 인간 거주지 주변에서 적정한 먹이와 안전이 확보되는 생태적 틈

새 공간을 확보한 표범은 사람과 충돌하지 않으려 한다. 사람과 충돌하는 것이 위험하다는 것을 표범도 알기 때문이다.[47]

그에 비해 북한산 안에는 거주민은 거의 없고 등산객들만 다니며, 표범보다 공격성이 훨씬 낮은 들개가 80~130여 마리 산다. 그런데 우리나라에서는 들개를 없애자는 목소리만 높다. 인도에 비해 지나치게 팍팍한 모습이다. 또 북한산에 들개만큼이나 많이 살고 힘도 더 센 멧돼지는 없애야 한다고 말하지 않는다. 유독 우리나라 들개는 차별과 혐오를 받고 있다고 생각된다.

파리아개와
인간의 관계

파리아개의 번성은 인간이 번성하기 때문에 가능했다. 인간이 수렵 채취 시대를 지나 어로와 농사를 위해 정착하면서 파리아개도 함께 늘어났다. 강가나 해안에 정착한 인류가 어로를 하면서 엄청난 음식물 쓰레기가 배출되었음을 조개무지에서 확인할 수 있다. 파리아개는 다량의 음식물 쓰레기가 발생하는 인간의 거주지에서 최적의 서식지를 확보했다. 인류가 농업을 하면서 음식물 쓰레기는 더 많이 생겨났고 이에 따라 파리아개가 많아진 것은 자연스러운 이치였다. 전 세계에 서식하는 늑대와 코요테, 자칼은 모두 합해야 약 500만 마리 정도이고, 이는 전체 개의 5~10퍼센트에 지나지 않는다.[48] 인류의 번성과 함께 개는 개과동물 중 전 세계에서 압도적인 우점종이 되었다.

인도나 동남아에 사는 파리아개는 사람들에게 무관심하다. 사납지도 살갑지도 않은 파리아개를 사람들도 그다지 신경 쓰지 않는다. 나는 가족여행 때 들렀던 말레이시아 코타키나발루 공항에서 들개 두 마리가 돌아다니는 것을 보았다. 들개들은 인간을 전혀 개의치 않았고 두려워하지도 않았다. 버스 정류장 곳곳에서 인도 파리아개와 비슷하게 생긴 개들이 늘어지게 잠을 자거나 서성거렸다. 가까이 다가가도 내게 특별한 관심을 보이지 않았다. 두려움도 없고 공격성도 없어 보였다. 동남아에서는 집개도 풀어놓고 키워서 들개와 집개의 경계가 불분명했다. 공항의 개들도 동네개가 아니라 집개일지도 모른다.

파리아개가 지역 주민들의 사랑을 받으며 사는 경우도 있다. 인도의 뭄바이를 비롯한 세계 여러 도시에서 파리아개들이 사람들에게 사랑을 받으며 건강하고 자유롭게 산다.[49] 인도의 도시 방갈로르에서는 들개들이 매일 저녁마다 어느 사탕가게 앞에 모여서 하루치의 사탕을 받는다. 개들도 단것을 좋아하는 것이다.[50] 멕시코시티의 쓰레기장에 사는 파리아개도 쓰레기장에서 일하는 사람들과의 관계가 좋다. 쓰레기장에서 특정 개가

사람에게 무관심한 말레이시아의 개.
자유롭게 사는 개들은 들개인지 집개인지
구분도 애매했다.

특정 사람을 따라다니는 경우는 꽤 흔하게 볼 수 있는 광경이다. 인부들은 파리아개에게 이름을 지어주고 일부 파리아개는 사람이 부르면 다가온다. 그리고 그 개들은 사람들이 일과를 마치고 집으로 가면 그들을 따라 집으로 가서 밤을 보내고 이튿날 쓰레기장으로 되돌아온다. 멕시코시티 쓰레기장의 파리아개는 자유롭게 살지만 사람들은 마치 가축처럼 여기며 애정을 쏟는다.[51]

줄루족이 사는 지역에선 파리아개가 특정 집 안에 들어와 살면서 음식물을 얻어먹는 경우가 많으며, 마사이족이 사는 마을에선 어린 파리아개가 집으로 들어오는 경우도 흔하다고 한다. 집개가 된 파리아개는 아이들과 함께 자란다. 아이가 커서 12세가 되면 개와 단짝이 되어 가축을 돌본다. 파리아개는 보통 10주면 어미에게서 독립을 하는데, 이후 성견과의 경쟁에서 도태되는 경우가 많다. 마사이족 거주지에서 파리아개 새끼가 사람들에게 접근해 함께 살려는 것은 탁월한 생존전략이다. 성견과 경쟁하지 않고 안전하게 먹이를 얻으려고 어미개를 대신해 자신을 돌볼 사람을 선택한 것이다. 최초의 집개들은 어린 들개가 인간에게 접근해 같이 살려는 데서 생겨났을 가능성이 높다. 그래서 인간이 개를 선택한 것이 아니라 개가 인간을 선택했다는 말이 있는 것 같다. 최초에 개가 가축이 되는 과정이 마사이족 거주지에서 재현되고 있는 것이다.[52]

07 우리나라의 들개

들개를 두려워하는 사람들

인도나 동남아 사람들이 들개에 무덤덤한 데 반해 우리나라 사람은 들개에 민감하게 반응하고 두려워한다. 우리나라 언론들은 기사에 「사람이 키우다 버린 강아지, 들개로 성장해 사람 위협」, 「북한산 무법자 들개가 나타났다」, 「들개가 된 유기견… 떨고 있는 주민들」 같은 제목을 붙인다. 기사의 내용은 유기견이 들개가 되어 돌아다니며 사람들의 안전에 큰 위협이 되고 있으니 대책이 필요하다는 것이다. 기사에서 들개는 늑대처럼 매우 사납게 묘사되고 있다. 야생에서 번식하면서 숨어 있던 야성이 드러난 데다, 사람에게 익숙하기 때문에 두려움이 없어 더 공격적이라는 증명되지 않은 내용까지 덧붙인다. 또한 들개의 수가 굉장히 많고 계속 증가해 문제가 심각하다고 적고 있다. 심하게는 빠른 들개를 잡기 위해 총을 사용하는 것을 허가해야 한다는 내용도 있다.

요즘은 개가 혼자 돌아다니면 바로 신고가 들어오지만 예전에는 우리나라에서도 개를 풀어서 키웠기에 혼자 돌아다녀도 별로 신경 쓰지 않았다. 주인 없이 돌아다니는 개에 민감해진 것은 우리나라 주거 형태의 변화 때문이다. 도시화가 심화되고, 마당이 있는 단독주택에서 아파트나 다세대주택 같은 공동주택으로 변했으며, 집과 거리를 자유롭게 들락거리던 개들은 공동주택 안으로 들어가 보이지 않게 되었다. 풀어서 키우는 개들이 없어지면서 주인 없이 배회하는 개들도 줄어들었다. 이제 주인 없이 돌아다니는 개는 사람들에게 낯선 존재가 되었다. 그래서 평소 보지 못하던 개가 떠돌아다니면 바로 신고되어 포획된다. 북한산이나 한라산의 들개도 낯설고 불편한 존재가 되었다. 또한 경제적으로 발전하면서 사람들은 깔끔하고 정돈된 환경을 선호한다. 도시화되고 세련된 것을 선호하는 정서 때문에 이제 돌아다니는 개를 용납할 수 없게 되었다.

우리나라에 개방된 쓰레기장이 없는 것도 들개들이 사람의 거주지에서 살기 어려운 조건 중 하나이다. 스페인 마드리드시에는 들개가 없다. 높은 울타리로 쓰레기장을 둘러서 음식물 쓰레기를 먹을 수 없기 때문이다. 우리나라처럼 음식물 쓰레기를 철저히 분리배출하는 나라에선 들개들이 사람 사는 곳에서 살아가기 어렵게 되었다.

산으로 간
들개

인간이 들개에게 관대한 곳은 들개도 인간을 두려워하지 않고, 인간이 들개에게 민감한 곳은 들개도 인간을 두려워한다. 들개를 가만 놔두지 않는 우리나라의 들개는 사람을 두려워한다. 동남아시아나 인도의 들개가 사람들을 대하는 모습은 우리나라의 비둘기 모습과 비슷하다. 사람에게 무관심하고 두려워하지도 않지만 먹이를 주면 관심을 보인다. 반면 우리나라의 들개는 쥐와 비슷하다. 사람 주변에 머물지만 사람을 매우 두려워하며 먹이도 몰래 먹는다.

다른 나라의 들개들이 대부분 인간 거주지 주변에 사는 동네개이지만 우리나라 들개는 산에서 사는 야생개이다. 편하게 먹이를 얻기 위해 동네개로 사는 것이 들개의 속성인데 왜 우리나라 개는 힘들게 야생의 길을 선택했을까? 들개가 산으로 갈 수밖에 없는 이유가 있다. 우리나라에는 개식용 문화가 있다. 특히 과거에는 주인 없이 떠도는 개는 사람들의 표적이 되어 보신탕이 되기 일쑤였다. 개를 노리는 주민과 개장수는 들개의 천적이었다. 최근에는 유기견 포획반이 들개를 산으로 쫓았다. 낯선 개가 돌아다니면 바로 신고가 들어와 포획되기 때문에 들개는 산으로 갈 수밖에 없었을 것이다. 예나 지금이나 인간은 들개에게 무서운 존재이다.

인간 거주지에 들개들이 은신할 곳이 없는 것도 그 이유 중 하나이다. 공간적으로 매우 조밀한 우리나라의 주거 형태는 들개들이 있을 공간을 허락하지 않았다. 인도나 동남아는 공간적으로 여유가 있어 파리아개가 충분히 살아갈 수 있었다. 단독주택이 많고 주택 사이의 간격도 넓고 들개들이 은신할 장소도 많다. 반면 우리나라 도시는 아파트 같은 공동주택 위주로 오밀조밀하게 건물이 들어서 있다. 대부분 빈 공간은 콘크리트나 아스팔트로 포장되어 있고 차가 많이 다녀서 로드킬의 위험도 높다. 어디에도 들개들이 안심하고 은신할 공간은 없다. 들개가 주택가로 음식을 구하러 왔다가 포획반이 왔을 때 달아날 공간이 없다.

인간에게 쫓기는 우리나라 들개는 인간을 대하는 모습도 다르다. 인도나 동남아의 파리아개는 인간에게 무심하지만 우리나라 들개는 긴장된 시선으로 본다. 만일 사람들이 들개를 잡으려 하지 않고 먹이도 쉽게 얻을 수 있다면 우리나라의 들개도 개의 본성에 따라 인간 거주지에 내려와서 살았을 것이다. 독박골 동네개가 그런 경우이다. 마사이족이 호의적으로 대하자 파리아개들이 인간에게 접근한 것처럼 독박골 동네개도 마을로 내려왔다. 이처럼 개와 인간은 다른 종이지만 서로에게 끌리는 성향이 있다. 두 종 모두 표정이 풍부해 서로의 생각을 읽기 쉬운 것도 영향을 주었을 것이다.

우리나라에서 들개 군집이 지속적으로 보도되는 곳은 한라산과 북한산이다. 한라산의 들개는 야생동물을 사냥하며 포식자로 살아간다. 들개가 포식자로 살 수 있는 곳은 사냥감이 충분하고, 들개가 사냥감을 추적하기 좋게 지형이 완만해야 한다. 들개가 나타난다는 시화호와 달성습지, 한라산은 이런 조건을 충족한다. 개과동물은 우제류를 좋아한다. 고라니는 산악지역보다는 평평하고 습한 곳에 많이 산다. 시화호나 달성습지가 이 조건을 갖춘 곳이며, 이곳의 철새들도 좋은 먹잇감이다. 한라산에는 노루가 많은데 개과동물이 매우 좋아하는 먹이다.

들개가 많이 나타난다고 알려진 북한산은 지형이 상당히 가파르고, 우제류가 적어 들개가 사냥하며 살기에는 좋지 않다. 그래서 북한산 들개는 먹이의 상당 부분을 음식물 쓰레기에 의존하는 것으로 추정된다. 인간의 거주지와 가까이 있지만 개방된 음식물 쓰레기장이 없어 먹이를 쉽게 구할 수 없으니 북한산 들개는 상당히 힘겹게 살 가능성이 높다.

어떤 동물의 군집이 유전적으로 안정되고 지속적으로 유지되기 위해 필요한 개체 수를 '최소 존속개체군'이라 한다. 들개와 같은 포유류는 최소 50마리 이상의 개체가 있어야 한다. 이를 위해서는 서식지가 충분히 넓어야 한다. 이런 이유 때문인지 지난날 문제가 되었던 시화호 들개에 대한 소식은 더 이상 들리지 않는다. 면적이 2제곱킬로미터인 달성습지의 들개 개체군도 유지되기 어렵다. 우리나라 들개의 작은 군집은 안정된 무리가 세대를 이어가며 번식해서라기보다는 유기견이 유입되어 형성된 것이며, 안정적인 번식이 어렵기 때문에 군집은 소멸할 가능성이 높다. 이렇게 서식지 면적이 충분한 곳은 북한산과 한라산 두 곳밖에 없다.

우리나라 들개는 언제부터 있었을까

개가 인류와 같이 사는 한 들개는 꾸준히 발생할 수밖에 없다. 가축화된 동물은 언제든지 야생으로 돌아갈 수 있다. 길고양이, 야생마, 야생화된 염소에서 보듯 가축의 야생화는 항상 있어왔고 지금도 일어난다. 개도 인간의 통제에서 벗어나서 생존할 수 있으면 언제든 들개가 된다. 농림축산식품부 자료에 따르면 2017년 기준 하루 평균 200마리 이상의 유기견이 발생한다. 유기견은 2014년에 5만 9180마리, 2015년 5만 9633마리, 2016년 6만 3602마리, 2017년 7만 4337마리로 매년 증가하고 있다. 발견되지 않거나 개인이 맡아 기른 경우까지 포함하면 연간 10만 마리가 넘을 것으로 추정된다.[53] 이 유기견들 중 야생에서 생존한 개체는 들개가 된다.

지금은 보통 유기견들이 들개가 되지만, 과거에는 원인이 다양했다. 들개끼리 번식하거나 집개가 스스로 집을 나가 돌아오지 않기도 했다. 개를 풀어 키운 과거에는 들개와 어울리면서 들개 무리에 합류한 경우도 있었을 것이다. 들개는 예나 지금이나 생겨났고 우리나라뿐 아니라 세계 모든 국가에서 발생하고 있다. 들개는 하나의 현상이며 어디에나 있고 앞으로도 그럴 것이다.

현재 집중 조명되고 있는 북한산 들개는 2007년경 은평 뉴타운이 개발되면서부터 생겨났다. 주민들이 마을을 떠날 때 버린 개들이 그들이었다. 그러나 북한산 들개에 관한 기사는 은평 뉴타운 개발 이전에도 있었다. 20여 년 전, 1997년 9월 26일 〈경향신문〉 기사에 이미 북한산 들개에 관한 내용이 있다. 기사에 따르면, 북한산 주변에 가출한 개들이 들개로 변해 다람쥐나 뱀을 잡아먹으며 야생생활을 하고 있다고 했다. 가출한 개들이 번식을 거듭하면서 수백 마리로 불어났으며 행락객들이 버린 음식물을 먹기 위해 떼 지어 공원 안 상가까지 내려오고 있다는 것이다. 서울시는 마취총이나 박스형 덫으로 산 채로 포획해 새끼는 사람과 친해지도록 '교정 교육'을 시켜 분양하고, 어미는 불임 시술을 해서 동물보호센터로 보낼 방침이라고 했다.[54] 지금의 기사와 매우 유사하다.

실제로 국립공원관리공단 국립공원연구원이 실시한 북한산국립공원 자연자원조사에서 1992년, 2001년, 2002~2009년, 2010년간 모니터링한 결과, 모두 들개가 살고 있는 것으로 나타났다. 2010년 조사에서는 평창동 계곡, 향로봉, 화계사, 우이동의 인수천 특별보호구~선운사, 원도봉골, 회룡골, 북한산성과 같은 다양한 지점에서 들개가 관찰되었다.[55]

천명선 서울대 수의과대 교수는 『패관잡기稗官雜記』에 조선 중종 말부터 서울 돈의문 근처 인가에서 키우던 개들이 북쪽 산으로 올라가 살면서 6, 7년 사이에 40~50마리로 늘어났고, 떼를 지어 사람을 공격하기도 했다는 기록이 있다고 지적한다.[56] 그때나 지금이나 서울 북쪽의 산들은 들개가 살기 좋은 곳인가 보다. 중종의 재위 기간은 1506~1544년으로 16세기에도 우리나라에 들개가 있었던 셈이다. 어쩌면 들개는 16세기부터 지금까지 계속 있어왔고, 그 이전에도 한반도에 살았는지 모른다.

2부

독박골의 동네개

01 북한산 자락을 헤매다

앞서 말했듯 북한산 들개는 주택 재개발사업 이전에도 있었으나, 2007년 전후부터 진행된 재개발로 급증하기 시작했다. 은평구 재개발지역 20곳, 성북구 재개발지역 37곳이 지정되면서 재개발 과정에서 키우기 어려워진 개들이 유기견이 되었고, 이들 중 일부가 북한산의 들개가 된 것이다.

서울시는 각 구에 접수된 민원을 기준으로, 2017년 1월 은평구에 70마리, 강북구 15마리, 서대문구 12마리, 성동구 15마리, 관악구 10마리로 약 122마리의 들개가 산다고 추정한다.[1] 이 가운데 약 85마리 정도가 북한산이 있는 은평구와 강북구에 산다는 것이다. 또 서울시에 약 167~172마리의 들개가 살며 이 중 북한산이 접해 있는 은평구, 성북구, 강북구, 종로구에 122마리가 산다는 언론보도도 있다.[2] 그 기사에 따르면 북한산 일대에 약 80~130마리 정도의 들개가 살며, 그중에서도 은평구에 가장 많다고 한다.

다큐멘터리나 인터넷 정보로는 불광사에서 기자촌, 장미공원에서 탕춘대 성암문으로 가는 길목에 들개가 가장 많이 나타난다기에 나는 그곳에 가기만 하면 들개를 많이 만날 수 있을 거라고 생각했다. 제인 구달이 침팬지 무리를 만나 그중 한 마리와 친구가 되어 침팬지 무리를 가까이에서 관찰하게 된 것과 비슷한 상황을 기대했다. 그러나 그건 그저 내 바람일 뿐이었다. 2017년 11월부터 다음 해 2월까지 매주 그 길목을 걸어 다녔지만, 한번도 들개를 만나지 못했다. 들개는 보지도 못했는데 들개를 조심하라는 현수막만 확인했다.

그러던 중 눈이 내린 다음 날이었다. 그날도 여느 때처럼 둘레길을 걷고 있었다. 그때 눈 쌓인 나무 데크 위에 찍힌 발자국들을 발견했다. 하나는 사람의 발자국이었고 또 하나는 분명 들개의 발자국이었다. 발자국을 따라가 보니 중간에 산 쪽으로 빠져나간 흔적이 보였다. 들개는 사람들과 산책로를 공유하고 있었다. 들개들도 사람처럼 걷기 편한 길을 선호한다. 다만 활동시간이 달라 사람들과 마주칠 일은 별로 없었을 것이었다.

그 후에도 들개를 만나려고 많은 시도를 했다. 한동안 망원경으로 들개가 은신할 만한 바위산을 관찰했다. 딱 한 번 수리공원에서 망원경으로 뒷산을 올려다보는데 하얀 들개가 바위 위에 나타났다 이내 숲속으로 사라지는 것을 포착했다. 북한산은 암벽과 숲이 교대로 있어 들개가 바위에 나타났다가 금방 수풀로 숨어버리기 쉽다. 망원경으로 들개를 계속 따라가며 관찰한다는 것은 어려운 일이었다.

계속 이렇게 찾아 헤맨다고 들개를 많이 만날 것 같지 않았다. 그래서 나는 들개가 스스로 찾아오게 하는 방법을 시도했다. 다큐멘터리에서 보았던 방법을 써보기로 한 것이다. 냄새가 강해 야생동물을 부르기 좋다는 고등어나 꽁치 통조림을 뿌려놓고 4~5시간을 기다리는 방법이었다.

그러나 기다려도 들개는 나타나지 않았다. 포기하고 돌아갔다가 다음에 그곳에 가면 통조림은 사라지고 없었다. 들개가 먹었는지 다른 동물이 먹었는지는 확인할 수 없었다.

동물들의 경계심은 매우 강하다. 한번은 들개 대신 까치가 꽁치 통조림에 관심을 보였다. 까치는 내가 몰래 보고 있다는 것을 눈치챘는지 1시간 반 정도를 통조림 주변을 기웃거리며 날아갔다가 돌아오기를 반복했다. 그러다 결국 포기하고 멀리 날아갔다. 들개도 통조림 냄새를 맡으면서 까치처럼 사람의 낌새를 알아챘을지도 모른다. 그래서 다가오지 않았을 것이다. 먹이로 들개를 꾀는 것은 별로 효과적이지 않았다. 먹잇감 주변에 사람이 없다는 확신이 들어야 야생동물은 안심하고 먹이에 접근하는 것 같다.

다음 방법으로 늑대 울음소리를 휴대전화에 저장해서 틀었다. 하울

까치의 갈등. 까치는 꽁치 통조림에 구미가 당겼지만 경계심을 보이며 가까워졌다 멀어졌다를 반복하다 결국 포기하고 날아갔다.

링 소리는 동료를 부르는 소리이기 때문에 들개가 반응할 수도 있겠다고 생각했다. 휴대전화가 뜨거워질 때까지 두 시간 넘게 틀어보았지만 들개는 오지 않았다. 듣지 못한 것인지, 가짜라는 것을 알아챈 것인지, 자신보다 훨씬 큰 포식자의 소리라고 감별한 것인지 역시 오지 않는 이유는 알 수 없었다. 아니면 접근하다가 사람의 냄새를 맡고 접근을 포기한 것인지도 모른다. 울음소리로 들개를 꾀는 것도 실패했다.

02 동네개를 만나다

처음
만난 날

들개의 행동을 관찰하는 것이 불가능할지 모른다는 생각을 하게 된 나에게 독박골의 동네개는 위안을 주었다. 방송 영상자료와 인터넷 자료를 검색하던 중 북한산 아래 독박골에 들개들이 마을에 내려와 주민들의 돌봄을 받으며 자유롭게 살고 있다는 내용을 접했다.

추위가 한창인 어느 날, 독박골으로 향하던 중에 마을 위쪽 조경 공간에서 무언가 어른어른 움직이는 것이 보였다. 조경 공간 안에는 마을 사람들이 개들을 위해 마련한 텐트 두 개가 있었다. 그 옆에서 개 한마리가 스테인리스 그릇에 담긴 먹이를 먹고 있었다. 주인 없이 사는 개를 찾아 헤매다가 처음으로 그런 개를 만나자 무척 반가웠다. 중간 크기의 수컷 백구였다. 나는 그 개를 '눈물'이라고 이름 지었다. 눈가에 눈물자국이 있고 어딘지 눈빛이 처연해 보였기 때문이다. 진돗개의 피를 물려받은 개였다.

그다음에 만난 독박골 개들은 하나같이 진돗개 비슷한 토종개의 모

동네개들이 추위를 피할 수 있게 주민들이 마련해준 텐트

습이었다. 독박골 개들의 이름은 겉모습의 특징에 따라 그냥 단순하게 지었다. 나중에 마을 사람들이 부르는 이름을 알게 되면 그 이름으로 불렀다. 독박골 사람들은 마을에 내려와 정착한 이 개들을 '동네개'라고 불렀다. 그리고 언론에서 계속 들개라고 부르는 것에 대해 아쉬워했다. 나는 동네개든 야생개든 모두 들개라고 생각하지만 마을 사람들의 생각을 따라서 나도 동네개라고 불렀다.

눈물을 처음 만난 조경 공간은 동네개들의 활동 중심지였다. 조경 공간의 지형은 석축을 쌓아 4단의 계단식으로 조성되어 있다. 테두리에는 사철나무가 심어져 있고 그 안에 스트로브잣나무, 모과나무, 산수유, 꽃사과 등이 심어져 있었다. 나는 이곳을 '동네뜰'이라고 이름 지었다. 동네뜰은 사철나무와 석축이 둘러져 있어 사람들이 다니는 곳과 어느 정도 공간적으로 분리되어 있었다. 동네뜰의 이런 형태는 사람들과의 접촉을 줄이

가장 처음 만난 '눈물'. 멀찍이서 '삼각눈'이 쳐다보고 있다.

삼각눈은 체격이 가장 좋았지만 순하고 싸움을 싫어해서인지 무리 안에서 서열이 가장 낮았다.

는 효과가 있었다.

일반적인 들개의 이미지와 달리 눈물은 순하고 겁이 많아 보였다. 작은 소시지를 내밀자 관심을 보였다. 내가 관찰한 바로는 다른 개들도 먹이를 마다하지 않았다. 사람이 돈에 민감한 것처럼 개는 먹이에 민감했다. 눈물은 슬그머니 다가왔다가 이내 멈춰섰다. 낯선 사람에 대한 두려움이 먹이의 유혹보다 강했다. 소시지를 눈물에게 던져 주니 주저하듯 다가와서 먹고 다시 물러서기를 반복했다. 수줍은 이미지와 달리 나중에 알고 보니 눈물은 독박골 동네개의 우두머리였다. 간혹 다른 개를 세차게 공격해서 군기를 잡곤 했다.

조금 있다가 다른 백구 한 마리가 나타났다. 젊고 몸이 탄탄한 수컷이었다. 눈이 좀 찢어진 것 같아서 '삼각눈'이라고 이름 붙였다. 녀석은 경계심이 강해서 아주 멀찍이 지켜만 보았다. 내가 들고 있는 소시지에 관심을 보였지만 접근할 엄두를 내지 못했다. 삼각눈은 상당 기간 멀찍이 거리를 유지할 정도로 사람에 대한 경계심이 강했다.

그리고 얼마 안 있어 어린 수컷 백구 한 마리가 다가왔다. 태어난 지 1년이 안 된 한창 자라고 있는 수컷이었다. 처음 보았는데도 달랑달랑 꼬리를 쳐서 '달랑이'라고 이름 지었다. 녀석은 집개이지만 주인이 종종 풀어주면 동네개들과 어울려 독박골 무리의 일원처럼 보였다. 주인은 '가마니'라고 녀석을 불렀다. 너무 나대서 '가만히' 좀 있으라는 뜻이라고 한다. 사실 이름이 '가마니'인지 '가만히'인지 꼬집어서 물어보지는 못했다. 가마니는 성견이 되어 가면서 묶여 있는 시간이 많아졌고, 나중에는 주인이 지상에서 건물 옆의 낮은 옥상으로 개집을 옮기면서 동네개와 함께 생활할 수 없게 되었다. 주인이 있고, 아직 어려서인지 세 마리 중 가장 가까이 왔고 별 경계심 없이 소시지를 받아먹었다. 그렇다 해도 바로 옆에 오지는 않았다. 세 마리 개들이 가까이 있는데도 전혀 무섭다는 느낌이 들지 않았다. 그들은 무서워하기엔 너무 유순해 보였다. 전혀 공격적이지 않았고 다만 사람과 일정한 거리 두기를 원하는 것 같았다.

'가마니'는 성격이 활발하고 유쾌했고, 완전히 성숙하지 않은 개였다.

동네개를
모두 만날 날

두 번째로 독박골에 들렀을 때 다른 개 세 마리를 더 만났다. 하나는 늙은 암컷 백구로 목 아래 털이 두드러져 보여서 '목털'이라고 이름 지었다. 마을 사람들은 '뚜치'라고 불렀다. 뚜치는 우여곡절이 많은 개로 배에 복수가 차서 움직임이 불편해 동네뜰 안에만 있었다. 뚜치는 9~10세의 늙은 개로 동네개 중 가장 먼저 이곳에 왔다. 그다음으로 오래 된 개가 눈물이다. 눈물은 7~8세로 역시 늙은 축에 속했다. 뚜치는 삼각눈만큼이나 경계심이 강해 상당히 떨어져서 유심히 바라만 보았다.

가마니 정도 나이의 어린 암컷 백구도 만났다. 아주 똘망똘망한 느낌이어서 '똘망이'라 이름 지었는데 이곳 사람들은 '밍키'라고 불렀다. 밍키는 뚜치와 눈물의 새끼다. 개는 새끼를 낳을 때면 무리를 이탈해 산에 가서 새끼를 낳는다고 한다. 젖이 부족하기 때문에 한두 마리를 빼고 나머지 새끼들은 도태되었다. 그렇게 뚜치가 산에서 낳아 데리고 온 개가 밍키다. 눈물과 동네 주민의 암컷 개 사이에서 태어난 가마니는 사람으로

뚜치는 독박골 무리 중
가장 늙은 개로
밍키의 어미다.

똘망똘망한 밍키.
야무진 성격으로
어린 개들 사이에
서열이 가장 높았다.

유일하게 털빛이 다른 초코는
독박골 무리 중 가장 붙임성이
좋았다.

따지면 밍키와 이복남매 간이다.

여느 개들과 달리 누런 바탕에 검은색 털이 섞인 개가 한 마리 있었다. 거뭇거뭇한 털색에서 '연탄'이라 이름 지었는데, 이곳 사람들은 '초코'라는 예쁜 이름으로 불렀다. 3~4세 정도의 젊은 수컷이고 움직임도 민첩하고 활발하게 짖어 우두머리라 생각했지만 나중에 알고 보니 가장 늦게 무리에 합류해 서열이 낮았다. 초코는 종종 눈물에게 혼이 났다. 그리고 초코는 사나워 보이는 외모와 달리 붙임성이 제일 좋아서 바로 옆까지 다가왔고 동네개 중 유일하게 얼굴을 쓰다듬어도 가만히 있었다.

그날 가마니도 만났다. 아는 척을 했더니 경계심을 보이고 짖어댔다.

동네개 무리를 모두 만난 날, 처음이자 마지막으로 무서웠다.
사진에는 없지만 뚜치도 동네뜰 위에서 내려다보고 있었다.

그러다 치즈스틱 소시지를 주자 조용히 기다렸다. 가마니에게 먹이를 주고 있으니까 다른 개들이 몰려왔다. 여섯 마리가 한꺼번에 세차게 짖어댔다. 세 마리였을 때는 조용하던 녀석들이 여섯 마리가 되니 시끄럽게 짖는 것이었다. 개들도 무리가 많아지니 대담해졌다. 내가 소시지를 꺼내자 더 심하게 짖었다. 그때 처음으로 낯선 개에게 음식을 주는 행동이 자칫 위험할 수 있겠다는 생각이 들었다.

개들의 사고방식은 인간과 다르다. 방을 엉망으로 만든 개를 야단치면 알아듣는 것처럼 미안한 표정을 짓는다. 그러나 이것은 주인의 위세에 대한 불편함과 복종을 표시할 뿐 자기 잘못을 인정하는 것은 아니다.* 마찬가지로 개들에게는 인간과 같은 도덕관념이 없다. 원래 소시지 소유권

* 알렉산드라 호로비치는 이에 대한 실험을 했다. 개 주인에게 맛있는 음식을 놓고 개에게 먹지 말라고 말한 뒤 자리를 뜨도록 했다. 이때 개가 음식을 먹었든 호로비치가 중간에 치웠든 주인이 돌아와 야단치면 개들은 미안한 표정을 지었다. 미안한 표정은 잘못과는 상관없었던 것이다.

이 나에게 있으니 얌전히 기다렸다 소시지를 주면 먹고 안 주면 어쩔 수 없다고 생각하는 것이 아니라, 자신들은 소시지를 먹고 싶은데 내가 소시지를 내놓지 않는다고 생각하는 것 같았다. 일반인들은 낯선 개에게 먹이를 주지 않는 게 좋겠다는 생각이 들었다. 호의적인 반응을 기대한 것과 달리 개의 공격성을 일으킬 수 있는 행동이 될 수 있다. 사납게 짖어대던 독박골 무리는 이후 긴 시간을 두고 친해지니 먹이를 들고 있어도 공격적으로 짖지 않았다. 그 사람과의 친밀도에 따라 개의 공격성은 달라진다. 낯선 개에게 먹이를 주는 것은 위험하다. 특히 무리 지어 있을 땐 조심해야 한다.

그 후 독박골 무리 외에 다른 들개들을 만났지만 동네개 여섯 마리를 한꺼번에 만난 날, 처음이자 마지막으로 두려움을 느꼈다. 혼자 여러 마리의 개와 만나는 상황은 두려움을 느끼게 한다. 들개의 위험성을 말하는 사람들이 느끼는 두려움이 억지만은 아니라고 생각되었다. 물론 두려움을 느끼는 것과 실제로 위험한 것과는 별개의 문제이다. 독박골 개들도 짖기만 했을 뿐 실제로 공격적인 행동을 하지는 않았다. 개가 공격을 하는 것은 단순히 짖으며 적대감을 표현하는 것과는 차원이 다른 강한 동기가 있을 때 하는 행동으로, 위험을 감수하고 싸워야 하기 때문이다.

03 독박골 개와 친해지기

두 번의 만남이 있은 후로 매주 독박골에 들러 동네개들에게 꾸준히 얼굴을 보이고 먹이를 주면서 친해지려고 노력했다. 처음 몇 번은 먹이를 줄 때 짧게 짖었지만 시간이 지나면서 더 이상 짖지 않았다. 그리고 서서히 경계심이 누그러져 나와의 거리가 점점 가까워졌다. 개와 인간을 친하게 하는 것은 먹이뿐 아니라 같이 보낸 시간이다.

어린 시기에 사람과 어떤 관계를 맺었는지에 따라 동네개들마다 경계 정도가 달랐다. 밍키와 가마니는 독박골에서 태어나 강아지 때부터 마을 사람들을 접하면서 자랐다. 초코는 들개가 아니라 최근까지 누군가 키우던 개였는데, 유기견이 되어 독박골 무리에 합류했을 것이라고 했다. 초코는 마을 사람들이 쓰다듬어도 가만히 있고 흔히 집에서 키우는 개들처럼 '손'이라고 말하면 앞발을 손 위에 올려놓기까지 했다. 초코는 나를 두 번째 봤을 때부터 관심을 보였다. 동네개들이 물을 먹는 것을 멀찍이 보고 있는데 내게 다가왔다. 물론 꼬리를 내리고 경계했지만 먹을 것이 생길지 모른다고 기대한 듯했다. 가까이서 보니 잘생기지는 않았지만 왠지 정이 갔다. 일정 거리를 두고 먹이를 기다리다 땅에 먹이를 떨어뜨리

시간이 지나면서 동네개들은 나를 경계하면서도 가까이 다가왔다.

면 다가와 먹고는 다시 물러섰다.

강아지 때 사람을 접한 경험이 있기 때문인지 시간이 지나면서 초코, 가마니, 밍키는 바로 내 옆까지 왔고, 초코와 가마니는 내 손을 핥기도 했다. 가장 곁을 많이 내준 초코는 얼굴을 쓰다듬는 것도 허락했다. 눈물은 상당히 가까운 거리까지 왔지만 바로 옆에는 오지 않았고 조금 거리를 두며 꼬리를 흔들었다. 뚜치와 삼각눈은 여전히 먼 곳에서 지켜만 보고, 먹을 것을 얻을 수 있다는 기대로 관심을 보이는 정도였다. 나중에 독박골 무리에 합류한 '갈비뼈'라는 암캐도 경계심이 강했고 조금만 다가가려 하면 움찔하고 물러났다.

동물은 어린 시기에 접한 존재에 친근감을 느끼는 경향이 있다. 앞에서 거위나 오리 같은 새는 태어나서 처음 본 존재를 따라다니는 각인 현상을 보인다고 설명했다. 어미라고 여겨 그 존재와 같이 있으면 생존확률이 높아지기 때문이다. 좀 더 완화된 형태이지만 개도 어린 시기에 접한 존재에게 친근감을 보이며 그렇지 않은 존재는 경계한다.

미국 메인주 바하버의 잭슨 연구소에서 1961년에 발표한 연구 결과에 따르면 개가 사람과 접촉한 시기가 언제인지의 여부가 사람에 대한 경계심에 중요한 영향을 준다고 한다. 해당 연구에서 14주 동안 강아지들을 사람들과의 접촉 없이 키웠다. 이들은 사람에 대한 공포심을 보이며 곁에 오지 않았다. 대조군의 강아지들은 일주일 단위로 실험실에 들어가 사람들과 상호작용하게 했다. 2주부터 9주까지 차이를 두고 사람의 접촉 시점을 달리했는데, 5주에서 9주 사이에 사람과 처음 접촉한 강아지들이 가장 사람에 대한 경계심이 낮았고 쉽게 적응했다.[3] 어린 시절의 특정 시기에 사람과 접촉한 경험이 있는지의 여부가 사람에 대한 경계심에 강한 영향을 주는 것이다. 아마도 인간이 최초에 집개로 키우기 시작한 들개는 강아지였을 것이다. 어린 강아지를 귀엽게 느낀 인간은 개를 키우기 시작했고 들개도 어린 시기에 인간을 접했기 때문에 인간과 거리낌 없이 살 수 있었을 것이다.

초코, 밍키, 가마니가 강아지 때 사람을 접했던 경험이 눈물, 뚜치, 삼각눈, 갈비뼈에게는 없었던 것으로 보인다. 독박골 주민들에게 들은 말도 간혹 엇갈릴 때가 있어 단정하기 어렵지만 초코, 밍키가 강아지 때 사람을 접했던 것은 거의 확실해 보였다. 반면 눈물, 뚜치, 갈비뼈는 들개가 마을에 내려와 살게 된 경우로 보였다. 삼각눈은 들개 출신이라는 말도 있고 마을 주민이 이사를 가면서 버리고 간 것이라는 말도 있어 확실하지 않지만 사람을 회피하는 경향은 갈비뼈 다음으로 강했다. 만일 강아지 때 사람을 접한 경험이 있다면 삼각눈은 예외로 경계심이 강한 개체에 해당한다. 사람에 대한 트라우마가 있는 것 같다고 말하는 주민도 있었다.

어린 시기에 사람을 접했는지의 여부는 개의 야생성에 많은 영향을 미친다. 야생성이 강한 개는 성견이 되면 잘 짖지 않는데 초코, 밍키, 가마니는 자주 짖는 반면 눈물, 뚜치, 삼각눈, 갈비뼈는 거의 짖지 않았다. 야생성을 나타내는 다른 징표인 하울링은 독박골 동네개들 모두에게서 볼 수 없었다. 사실 좁은 영역에서 사는 동네개는 하울링으로 무리를 모을 필요가 없다. 더구나 동네개들은 무리 사냥을 하지도 않기 때문에 하울링의 필요성은 더더욱 없었을 것이다.

뚜치, 눈물, 삼각눈, 갈비뼈의 경계심은 시간이 지나도 달라지지 않았다. 다만 눈물과 삼각눈은 점점 가까이 다가왔다. 동네개들은 독박골 주민들에 대해서도 일정 거리를 유지하고 싶어 했다. 특히 삼각눈과 갈비뼈는 경계심을 늦추지 않았다. 오직 먹이를 줄 때만 가까이 다가왔다.

또 동네개들은 주민을 만나도 집개들이 주인에게 하는 것만큼 반가워하지 않았다. 나에게 대했던 것처럼 가마니, 초코, 밍키는 주민들에게 살짝 꼬리를 치는 정도로만 반겼다. 가마니와 초코는 일부 주민이 만지면 가만히 있었지만 밍키는 허락하지 않았다. 뚜치, 눈물, 삼각눈은 주민들과도 항상 거리를 유지했다. 뚜치, 눈물, 삼각눈은 먹이를 줄 때만 다가왔는데도 주민들은 자연스럽게 생각했다. 동네개들은 어느 정도 독립적이었고 원하는 한도 내에서만 친근감을 표현했다. 이들은 사람에게 종속되지 않고 개의 무리에 소속감을 가지고 있기 때문이다.

엘리자베스 마셜 토머스Elizabeth Marshall Thomas는 저서 『개들의 숨겨진 삶Hidden life of dogs』에서 자신이 키웠던 개들이 축사 안에 자신들만의 커다란 굴을 만든 이후부터 큰 변화가 있었다고 적었다. 개들이 굴 안에 자신들만의 은밀한 장소를 마련하고 그곳에 들어가 있는 시간이 늘어나면서

차차 동네개들은 나를 받아들이고 다정하게 꼬리도 쳤다.
그래도 자신을 만지도록 허락한 것은 초코뿐이었다.
야단스럽게 반기지는 않지만 온화하게 맞아주는
동네개들과 있으면 마음이 평온해졌다.

점점 더 인간과의 유대를 지워갔다고 한다. 그리고 인간과 단절된 그들만의 관계를 강화해 나갔다. 사람에게 온화하고 다정했으나 결코 복종하지 않게 되었다는 것이다.

마셜 토머스는 개에게 인간은 단지 동족의 대체물에 불과하며, 인간의 간섭을 받지 않고 동족과 무리를 이루는 개는 매우 침착하고 현실적인 나름의 삶의 방식을 가지고 있다고 말한다. 이에 비해 인간 종족을 상대하는 개는 신경질적인 성향을 보이고 자신의 요구와 감정을 드러내기 위해 필사적으로 노력한다고 한다. 인간이 아는 개의 모습은 대부분 그들의 이런 왜곡된 모습일 뿐이라고 마셜 토머스는 말한다.

엘리자베스 마셜 토머스가 보았던 독립적이고 기품 있는 개들이 독박골에 있었다. 그들이 꼬리를 흔드는 것은 점잖은 친교의 표현이지 관심받기 위한 안달이 아니었다. 그리고 나도 독박골 무리와 같이 있을 때면 치유와 위안을 받는 느낌이었다. 동네개 주변에서 그들의 삶을 보고 있으면 마음이 평온해졌다. 사람을 보면 격하게 꼬리 치는 개들에게서 받는 것과는 다른 긍정적인 느낌을 동네개들에게서 받았다.

04 동네개들의 삶

동네개의 서열

동네개들은 무리 생활을 하며 서열 속에서 살고 있었다. 우두머리인 눈물이 간혹 다른 개를 공격해서 서열을 확인했다. 그런데 몸 상태가 가장 안 좋은 뚜치에게는 함부로 하지 못하는 공처가 같은 모습을 보였다. 다른 개들도 뚜치를 함부로 하지 않았고 먹이를 뚜치에게 양보하기도 했다. 뚜치가 이곳에서 가장 오래 살았던 점, 다른 개들이 어린 시절에 경험했던 뚜치의 카리스마 등이 복합적으로 작용한 듯했다. 배에 복수가 차고 늙은 뚜치는 행동에 제한이 있어서 무리에게 영향력을 강하게 행사할 수는 없었지만 높은 지위를 인정받고 있었다. 무리 생활을 하는 개들이 나이 들고 병든 개체를 배려하는 것이라는 생각이 들었다. 병약한 개체를 서열에서 제외하고 보호해주는 이타적인 행동을 하는 것일 수 있다. 늑대 무리도 새끼만이 아니라 늙은 개체를 보호한다.

뚜치의 성깔을 물려받았는지 밍키가 어린 개들 사이에서 서열이 가장 높았다. 암컷에 체구가 제일 작은데도 밍키가 정색을 하면 가마니와 초코는 멈칫했다. 독박골 무리는 암컷의 지위가 높았다. 이처럼 무리 안 서열은 단순히 힘으로만 결정되지 않고 복합적인 요인이 작용했고, 간혹 뒤바뀌었다. 혈연적인 관계가 있는 눈물, 뚜치, 밍키가 무리에서 지위가 높고 군식구인 초코와 삼각눈은 지위가 낮았다. 사실 혈연관계가 서열에 영향을 주는지는 확신하기 어려웠다. 밍키와 뚜치가 서로에게 특별한 애정을 표현하는 것을 보지 못했고, 밍키와 눈물도 서로에게 대면대면했다. 서로에게 상당히 무심해서 혈연관계를 의식하는지 알 수 없었다.

삼각눈은 터프한 외모와는 달리 가장 순했다. 가마니와 밍키가 어렸을 때 잘 놀아주어 삼촌개라고 불렀다. 그러나 가마니와 밍키가 자라자 그들 아래로 서열이 밀려났다. 내가 던져준 먹이가 어린 개들과 자기 사이에 놓이면 늘 양보했다. 인간의 도덕관념을 개에게 바라는 것은 적절하지 않다. 어린 시절 함께 놀아준 삼각눈을 이제 자신들의 덩치가 커지니까 업신여기는 것은 인간의 시각으로 볼 땐 배은망덕이지만 개에게는 자연스러운 현상이다. 좋고 싫고 사랑하고 미워하는 감정은 인간과 동일하지만 윤리와 도덕을 생각하는 이성은 두 종 간에 차이가 있다.

초코는 모두 백구인 나머지 개들과 외모가 다르고 가장 늦게 합류한 탓에 한때 가장 서열이 낮아 동네북처럼 다른 개들에게 물렸다. 처음 만났을 때는 무리 전체가 초코를 공격했다. 다른 개에게 공격을 당하면 초코는 꼬리를 내리고 잠시 무리에서 떨어져 나왔다. 그러나 무리에 합류한 시간이 길어지면서 점점 입지를 확보하더니 어느 날 가마니를 완전히 제압해 삼각눈과 가마니보다 서열이 높아졌다.

그래도 무리에 합류한 순서는 서열 결정에 중요한 요소였다. 동네개 무리에 합류하지 못하고 주변을 맴도는 하얀 백구 한 마리가 있었다.

가마니를 제압한 초코. 우위 개체는 열등한 지위에 있는
개의 꽁무니 냄새를 맡곤 한다. 이때 하위에 놓인 개체는 꼬리를 내린 채
상대가 꽁무니 냄새를 맡도록 가만히 있는다.

제대로 못 먹어서인지 갈비뼈가 두드러져 '갈비뼈'라고 이름 지은 그 녀석이다. 갈비뼈는 꽤 나이가 들어 보이는 암컷이다. 갈비뼈는 독박골 위쪽에 사는 동네개인데 독박골 무리에 합류하고 싶은지 주변을 기웃거렸다. 독박골 무리는 갈비뼈에게 특별히 적대적인 모습을 보이지는 않았으나 환영하지도 않았고 무리의 구성원으로 인정하지도 않았다. 갈비뼈는 독박골 무리를 만나면 주눅이 들어 꼬리를 내렸다. 그래도 무리에 합류하고 싶어 했다. 개는 무리 생활의 본능이 있어 비록 지위가 열등할지라도 동족과 함께 살고 싶어 한다. 개가 늦게 무리에 합류하면 낮은 서열에 놓인다. 사람도 어떤 조직에 들어가면 전입순서가 서열에 중요한 역할을 한다. 군대를 생각하면 이해가 쉽다. 사실 회사 같은 대부분의 조직도 그렇다.

독박골 무리가 갈비뼈를 만나면 공격적인 행동을 하지는 않았지만

갈비뼈는 동네개에 합류하지 못하고 주변을 떠도는 들개였다.

꽁무니의 냄새를 맡았다. 사람이 얼굴을 통해 상대방을 구별하듯 개는 냄새로 상대를 알아본다. 특히 항문낭의 분비물 냄새를 맡아서 상대에 대한 자세한 정보를 얻는다. 갈비뼈를 만나면 동네개들은 꽁무니 냄새를 맡아 무언가를 파악하려고 했다. 상대가 냄새를 맡는 동안 갈비뼈는 기가 죽은 듯 꼬리를 내리고 있다. 초코가 계속 물리면서도 무리에 합류해 나름의 지위를 확보한 것과 달리 갈비뼈는 겁이 많아서인지 독박골 무리의 주변을 맴돌았다. 주민 말로는 전에 갈비뼈가 접근하는 것을 몹시 싫어해 뚜치가 공격했다고 한다. 그래서 갈비뼈는 산 바로 아래 허름한 주택 한구석에 혼자 지냈다. 훗날 뚜치가 죽자 갈비뼈는 독박골 무리에 합류했다. 뚜치의 존재가 갈비뼈가 독박골 무리에 합류하는 것을 막았던 것이 확실했다.

독박골 무리는 서열이 있지만 긴장도는 높지 않았다. 위계가 강하지 않아서 먹이를 던져주면 강한 개가 빼앗는 일은 거의 없었다. 순서대로 먹이를 던져주면 그 순서대로 받아먹었다. 다만 애매한 위치에 떨어지면

삼각눈(앞)에게서 멀리 떨어져 있는 갈비뼈(뒤). 갈비뼈는 뚜치가 살아 있는 동안 동네개 무리에 합류하지 못하고 일정한 거리를 두고 지냈다.

동네개 무리에 다가오는 갈비뼈. 뚜치가 죽자 갈비뼈는 독박골 무리에 합류하러 다가왔다.

서열이 높은 개가 차지했다.

동네개들은 동네뜰에 같이 있을 때면 서로 꼬리를 흔들거나 얼굴을 핥으며 교감했다. 늑대가 무리 생활의 긴장을 해소하기 위해 놀이를 하는 것처럼 독박골 무리도 자주 장난쳤다. 그럴 때면 서열과 상관없이 우위에 있는 개체가 낮은 서열의 개에 깔리기도 했다. 어린 개체일수록 장난을 좋아해서 밍키와 가마니가 가장 장난을 많이 쳤다. 주로 서로 물며 엎치락뒤치락 레슬링을 했다. 삼각눈과 초코가 합류하기도 하지만, 눈물과 뚜치는 나이가 들어서인지 장난에는 관심이 없었다. 그래도 눈물은 내가 공

밍키와 가마니가 장난치는 모습.
어린 개일수록 장난을 좋아했다.

을 튀기면 관심을 보이며 주변에 머물렀다. 공을 던지면 달려가서는 다른 개들을 물리치고 공을 차지하기도 했다.

동네개의 사랑과 삼각눈의 반전

뚜치의 죽음과 함께 독박골 무리 서열에 대반전이 벌어졌다. 왕따였던 갈비뼈가 독박골 무리에 합류하면서 최고의 관심을 받는 스타로 변신했다. 번식이 가능한 유일한 암컷이기 때문이었다. 그와 함께 최하위 서열인 삼각눈이 단번에 최고 서열로 올라섰다. 사랑의 힘은 위대했다. 무리 가장자리에 머물며 항상 다른 개들에게 먹이를 내주던 삼각눈이 갈비뼈의 사랑을 차지하기 위해 무리의 중심으로 들어섰다. 갈비뼈가 발정을 하자 삼각눈은 그 옆에 항상 같이 있으려 했고 다른 개가 접근하면 으르렁

다른 개들의 접근을 막는 삼각눈.
사랑 때문에 삼각눈은 단번에 서열 1위가 되었다.

거렸다. 초코와 가마니가 갈비뼈에게 관심을 보였지만 덩치 큰 삼각눈의 서슬 퍼런 기세에 갈비뼈에게 접근할 엄두도 내지 못했다.

어쩐 일인지 눈물은 뒷방 늙은이처럼 힘이 빠져 있었다. 삼각눈이 우두머리가 되었을 때 눈물은 멧돼지나 다른 들개 떼로 추정되는 동물에게 공격당해 엉덩이 쪽에 심각한 상처를 입고 동물병원에서 치료를 받고 돌아온 상태였다. 심각한 상처에서 회복된 뒤 눈물은 무언가 기가 빠져나간 듯했다. 예전 같았으면 다른 개들을 공격해서 군기를 잡았을 텐데 무리와 거리를 두고 한쪽으로 비켜나서 그저 쉬려고만 했다. 사랑에 허망함을 느낀 노인처럼 눈앞에서 벌어지는 암수 간의 사랑놀이에 관심을 보이지 않았다.

다른 수캐들에게 으르렁거리며 군림하던 밍키도 무리의 가장자리로 밀려났다. 레슬링을 하며 놀자던 다른 수캐들의 관심이 끊어졌다. 수캐들

멧돼지나 다른 들개 떼로 추정되는 동물에게 큰 상처를 입고
회복된 뒤 눈물은 뒷방 늙은이처럼 무리에서 떨어져 있었다.

은 오로지 갈비뼈에게만 관심을 보이며 그 주변을 맴돌았다. 밍키는 중성화 수술을 받은 까닭인지 그런 상황을 특별히 못마땅해하거나 갈비뼈를 질투하지도 않았다. 암컷도 수컷도 아닌 중성이 된 것이 좀 안돼 보였다. 반면 갈비뼈는 삼각눈이란 든든한 지원군이 생기면서 기세가 등등해졌다. 갈비뼈가 삼각눈과 가까이 있는 모습을 유심히 들여다보다 갈비뼈와 눈이 마주쳤다. 눈을 정면으로 쳐다보는 것은 도전을 의미하므로 개들은 불편해한다. 그런데 갈비뼈는 전과 달리 눈을 피하지 않고 적의를 드러내며 짖었다. 삼각눈을 등에 업은 갈비뼈가 사람과 대적할 용기가 생긴 것이다.

동네개들의 암수 관계는 늑대 무리처럼 견고한 일부일처제가 아니라 인도 파리아개의 짝짓기 형태와 비슷했다. 눈물이 두 마리의 암캐 사이에서 밍키와 가마니를 만든 것을 보면 알 수 있다. 동네개는 꽤 견고한 무리를 이루고 있지만 늑대와는 달리 파리아개처럼 자유롭게 짝짓기를 하는 것처럼 보였다. 배다른 새끼가 태어난 것을 보면 우두머리 암수만 번식을 하는 것도 아니었다. 또 삼각눈이 갈비뼈를 철벽 방어하는데도 초코와 가마니가 미련을 버리지 못하고 주변에 얼쩡대는 것을 보면 늑대와 같은 암수 관계의 공고성은 없어 보였다.

독박골 무리의
영역

독박골 무리는 아주 좁은 영역에서 살았다. 그들은 거의 대부분의 시간을 동네뜰에 머물렀고, 그곳을 벗어나는 것은 잠깐씩 주변 골목으로 나오는 게 전부였다. 먹이는 마을 더 깊숙한 산자락이나 공동 돌봄을 하는 주민의 주차장에서 주기 때문에, 먹이를 주기 위해 부르면 소리를 알아듣고 그곳으로 갔다가 먹이를 다 먹으면 동네뜰로 다시 돌아왔다. 뚜치는 몸이 좋지 않아 동네뜰을 벗어나지 못해 뜰 안에 따로 사료 그릇에 먹이를 주고 있었다.

영역의 크기는 먹이 활동과 관련 있다. 먹잇감이 풍부한 열대지방의 포식동물은 영역이 좁은 반면, 먹잇감이 적은 한대지방 포식동물은 넓은 영역에서 많은 거리를 이동하며 사냥한다. 독박골 무리의 영역이 좁은 것은 마을 사람들이 날마다 먹이를 챙겨주어 굳이 먼 거리를 이동할 필요가 없기 때문이다. 대부분의 파리아개들이 500미터 이내의 좁은 영역에 사는 것과 비슷한 모습이다.

독박골 사람들은 동네개를 돌보면서 동물전문가의 조언을 받고 있었다. 전문가는 굳이 먹이를 매일 줄 필요가 없고, 2~3일 간격으로 주어도 된다는 의견을 내놓았다. 먹이가 남으면 다른 들개들이 더 내려올 가능성이 있다는 조언이었다. 그런데 먹이를 제한하자 배가 고파진 동네개들이 원래 머물던 동네뜰을 벗어나 아래 주택가로 내려가 쓰레기를 뒤지기 시작했다. 다른 주택가 주민들이 동네개가 내려오는 것을 싫어했던 탓에, 주민들은 다시 먹이를 매일 주었고 독박골 무리는 영역을 넓혀서 먹이를 찾는 행동을 멈추었다. 북한산에서 들개가 처음 독박골로 내려왔을 때는 쓰레기봉투를 뜯어놓아 매우 지저분했지만, 마을 사람들이 음식물이나 사료를 주자 개들이 쓰레기봉투를 뜯는 행동을 멈추었고 골목길이 깨끗해졌다고 한다.

독박골 무리가 산으로 들어가서 돌아다니는 것을 자주 볼 수 없는 것으로 보아 산속을 돌아다니는 것을 그다지 좋아하는 것 같지 않았다. 간혹 배설하기 위해 산으로 들어가는 게 전부였다. 마을에 배설물이 거의 없었기 때문이다. 개들은 깔끔한 면이 있어서 주요 활동구역에는 배설을 하지 않는다. 내가 어린 시절에 키웠던 개들도 집에서는 똥을 누지 않고 꼭 뒷산으로 산책을 가면 그곳에 누었다. 동네뜰의 가장 위칸에 배설물이 보였다. 일종의 공중 화장실 같은데 양이 그리 많지 않아 동네개들이 그곳을 애용하는 것 같지는 않을뿐더러 그곳에 거의 머물지 않았다.

조용하고
행복한 삶

독박골 무리의 생활은 심심해 보일 정도로 조용하고 평화로웠다. 대부분의 시간을 동네뜰에 머물고 먹이를 줄 때만 이동했다. 먹이를 먹고 나면 다시 동네뜰로 돌아왔다. 동네뜰에서 하는 일은 가만히 누워서 겨울에는 햇볕을 쪼이고 여름에는 나무 그늘 아래에서 햇빛을 피했다. 여름철

동네개들은 대부분의 시간을
동네뜰에서 무리 지어 쉬면서
평온하게 보냈다.

에는 그늘이 더 짙게 드리우는 주차장에 머무는 때가 더 많았다. 요란스러운 행동은 없었다. 간혹 서로 엎치락뒤치락 레슬링을 하는 정도의 놀이가 전부였다. 독박골 무리의 일상은 평온하고 느리게 흘러갔다. 동네개들은 온전히 지금 이 순간 평화롭게 살았다. 그런 동네개들을 보고 있으면 시간이 멈춘 것 같은 평온함이 살짝 전해 오는 것 같았다.

어떻게 보면 독박골 무리는 지구상에서 가장 행복한 개들이었는지 모른다. 동네개는 파리아개들처럼 자유롭게 살면서도 주민들의 적극적인 보호까지 받는 특별하게 행복한 환경 속에 있었다. 동네개는 사람에 종속되지 않고 동족과 연대하며 살았다. 사람에 대해서도 굴욕적으로 꼬리 치지 않고 품위를 지키며 교감했다. 묶거나 가두지 않아 자유롭게 돌아다녔다. 먹이는 독박골 주민들이 때마다 챙겨주어 굶주리지 않았으며, 천적의 위험도 없었다. 다치거나 병에 걸리면 주민들의 도움으로 의료 처방도 받았다. 관공서에서 보낸 포획 인력이 유일한 위협이었지만 독박골 주민들이 강력하게 탄원하며 막아주었다. 온갖 호사 속에서 주인의 귀여움을 독차지하는 반려견보다 주민의 보호 속에 개의 본성에 따라 자유롭게 사는 독박골 동네개들이 훨씬 행복하다고 생각되었다.

동네개는
위험하지 않다

독박골 무리에 대해 동네에 들개가 돌아다녀 위험하다는 민원이 계속되고 있었다. 종종 언론에도 보도가 되었다. 주민들이 동네개를 돌보는 것에 대해 긍정적 보도가 있었지만 위험한 들개를 방치하고 있다고 비판하는 보도도 있었다. 주민들은 동네개에 대한 외부의 부정적 시선을 경계했다. 나의 경우는 두 번째 만났을 때를 제외하면 무섭다는 느낌을 받지 않았다. 조금 가까워지자 동네개들은 적대적인 반응을 전혀 보이지 않았다. 유순해지게 선택교배되었던 개라는 동물은 기본적으로 온순한 유전자를 가지고 있다.

동네개들은 사람에 대해 친소親疏, 친함과 친하지 않음를 가렸다. 마을 주민들에 대해서는 가볍게 꼬리를 치며 반가워하는 반면, 주변을 지나가는 다른 사람에 대해서는 무심했다. 때로 등산객이나 낯선 사람이 동네뜰에 너무 가까이 오면 다 함께 짖었는데 독박골 무리가 주로 적대감을 표현하는 대상은 성인 남성이었다. 어린이나 여성에게는 짖지 않는데 성인 남성들은 유독 경계했다. 동네개가 짖으면 등산객들은 대부분 조용히 비껴갔지만 간혹 나뭇가지나 돌을 던지는 사람도 있었다. 그런 사람은 모두 남성이었으니 성인 남성과의 좋지 않은 경험이 계속 쌓였을 것이다. 또한 남성의 외형이 개들에게 거북한 느낌을 주는 것으로 보인다. 뒤에서 다루겠지만, 유기동물보호소의 유기견들도 남성 방문자에게 심하게 짖는 것을 보면 개들이 사람의 성별을 금방 구분한다는 것을 알 수 있다. 사람이 개의 성별을 언뜻 봐서는 구분할 수 없는 것과는 대조된다. 말레이시아에서 보았던 동네개들이 상당히 가까운 거리에서도 무심하게 사람을 대하는 것에 비해 독박골 동네개는 좀 더 민감하게 사람을 대했다. 사람이 무심한 곳은 들개도 무심하고 사람이 민감한 곳은 들개도 민감하다. 이렇게 낯선 사람을 향해 짖는 행동은 독박골 무리에게 불리하게 작용해 결국 포획반이 오게 되었다.

동네개가 가장 적대적으로 짖는 대상은 사람이 아니라 다른 개였다. 인근 주민이 반려견과 함께 주변을 산책하면 그쪽을 쳐다보며 강하게 짖었다. 한번은 어느 노부부가 웰시코기를 데리고 산책을 하는데 밍키와 초코가 발견하고 짖어대자 다른 개들도 같이 짖어댔다. 웰시코기는 겁을 먹고 노부부 뒤에 숨어 눈치를 보며 지나갔다. 영역을 지키기 위한 행동으로 보이며, 그 때문인지 북한산의 다른 들개 무리는 독박골로 내려오지 않았다. 독박골 무리 정도이면 꽤 큰 규모이기에 다른 무리가 영역을 넘볼 수 없었을 것이다. 더군다나 사람들이 있는 마을 안에 살고 있기 때문에 다른 무리는 영역을 침범할 엄두를 내지 못하는 것으로 보였다. 주민의 말로는 산에서 내려온 들개가 동네개들에게 집단으로 공격을 당해 꽁무니를 빼고 달아난 적이 있었다고 한다.

05 독박골 사람들

주민들의 공동 돌봄

독박골 동네개들은 독박골 주민들이 공동으로 돌보고 있었다. 주민들이 돌아가면서 먹이를 주고, 추위를 피할 수 있는 텐트도 마련해주고, 동물보호단체와 협력하여 심장사상충 치료와 중성화 수술도 진행했다. 안정제가 들어 있는 먹이를 주어 개들이 잠들면 병원에 데려가 치료를 하고 다시 독박골로 데려온다고 했다. 아이러니하게 주민들의 공동 돌봄은 동네개들에 대한 박해에서 비롯되었다.

5~6년 전부터 마을을 기웃거리던 들개들이 쓰레기를 뒤져 먹는 것을 불쌍히 여겨 일부 주민들이 먹이를 주기 시작했다. 한 주민은 달걀 프라이를 해서 나눠주었다고 한다. 이때만 해도 개인적으로 먹이를 간헐적으로 주는 것이지, 주민들이 관심을 공유하고 돌보는 차원은 아니었다. 주민들의 관심은 동네개에 대한 포획이 시도되면서 높아졌다. 동네개들이 번식을 하면서 11마리까지 개체 수가 늘어나자 구청 등 공공기관으로 민원이 접수되었다. 이로 인해 동네개들은 마취총에 맞아 포획되어 유기

동물보호소로 보내졌고 뚜치, 눈물, 밍키, 삼각눈만이 남게 되었다. 그 후 초코가 합류했고 뚜치가 죽자 갈비뼈가 합류했다. 유기동물보호소로 보내진 개들이 좋은 주인을 만나는 것이 아니라 일정 공고 기간이 지나면 대부분 안락사를 시킨다는 것을 알게 된 주민들은 이에 거세게 항의했다. 민원만 들어오면 무조건 멀쩡한 생명을 죽게 하는 것은 옳지 않다고 생각한 것이다.

뚜치를 구조하면서 주민들은 더 강하게 뭉치게 되었다. 누군가 놓은 올무에 뚜치의 목과 앞다리가 옥죄어져 살이 심하게 파였는데, 뚜치는 그 상태로 돌아다녔다. 이때 뚜치에게는 강아지 밍키가 있었다. 뚜치를 불쌍히 여긴 주민들이 동물보호시민단체 카라KARA에 연락해 구조를 시도했다. 안정제가 든 먹이를 먹은 뚜치가 이완상태에 들어가길 기다렸다가 전문가들이 구조해 동물병원으로 보냈다. 이후 올무가 제거된 뚜치는 치료를 받고 다시 독박골로 돌아왔다.

이런 일련의 과정으로 독박골 주민들이 뭉치게 되었고, 포획을 멈추라고 관공서에 탄원서를 냈다. 동네개가 불편하다고 포획하라는 민원 외에 자신들처럼 동네개와 어울려 지내는 것이 더 안전하고 편안하게 느낀다는, 다른 의견도 있다는 입장을 제시했다. 생명 있는 존재를 죽이는 것만이 능사가 아니며 동네개들과 평화롭게 사는 방법을 모색해야 한다는 지지서명을 온·오프라인을 통해 진행했다. 주민들은 1,900명이 넘는 지지서명을 얻어냈고 마침내 포획이 중단되었다.

이후 마을 사람들은 역할을 분담해서 적극적으로 공동 돌봄을 시작했다. 돌아가면서 먹이를 주고 개체 수가 더 이상 늘어나지 않도록 중성화 수술을 추진했다. 민원을 예방하고 포획 압력을 막기 위해서였다. 마을 사람들은 동물보호단체와 연계해 동네개들에게 안정제가 든 먹이를 주고 이완상태에서 심장사상충약을 먹이고 있었다. 심장사상충 치료가 완료되면 중성화 수술을 할 계획이라고 했다. 독박골 개들을 만났을 때 암캐 중 밍키는 중성화 수술을 이미 받았고 뚜치는 복수가 차고 몸이 좋지 않아 무리에서 번식은 불가능한 상태였다. 뚜치는 결국 늦은 봄날 자신이 살던 동네뜰에서 눈을 감았다. 뚜치의 죽음으로 갈비뼈가 합류하면서 다시 번식 가능성이 생겼지만 독박골 무리의 해체로 동네개의 세대는 끊기게 된다. 야생개로 태어나 동네개로 살다가 자신이 노닐던 동네뜰에서 잠든 뚜치의 삶은 꽤 드라마틱했다. 뚜치는 유일하게 주인 없는 개로서의 삶을 완성한 것이다.

마을 사람들은 중성화 수술 외에도 필요한 상황이 생기면 뚜치를 치료한 것처럼 동네개를 치료했다. 사람 곁에 오는 동네개들에게는 진드기를 잡아주기도 했다. 동네개들이 동네뜰이나 주변 산림에서 진드기를 옮아오는 경우가 꽤 많았었다.

주민들은 등산객이나 주변 동네 사람들이 포획하라는 민원을 제기했다고 생각했다. 민원을 제기한 사람들의 우려와 달리 마을 사람들은 동네개가 위험하지 않다고 확신했다. 사람을 공격한 사례가 단 한 번도 없었고, 만일 그런 위험이 있다면 자신들이 가장 위험하므로 가만히 두지 않았을 것이라고 했다. 그러나 동네개들에 대해 잘 알지 못하는 사람들이 불안감을 느끼는 것도 엄연한 사실이므로 되도록 등산객이나 주변 마을 사람들과 동네개가 충돌하지 않는 방법을 생각하고 있다고 했다.

동네뜰 앞에는 작은 안내판이 있었다. 그 안내판에는 동네개를 소개하고 멧돼지로부터 마을을 지켜주는 고마운 개이며 가까이 가지 않으면

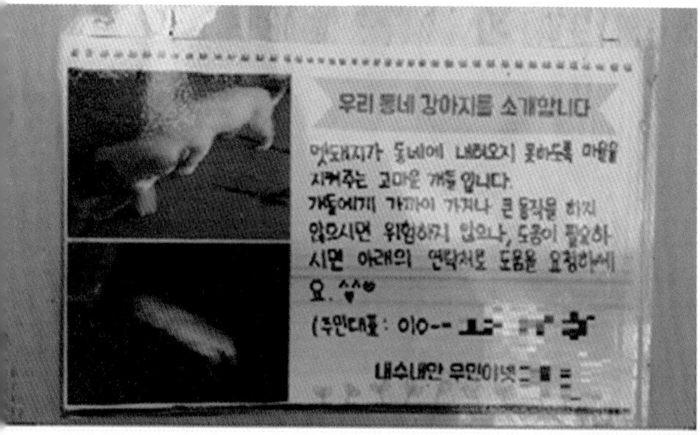

동네뜰에 설치된 동네개에 대한 안내판. 주민들은 동네개가 위험하지 않음을 알리기 위해 설치했다.

동네개와 사람들이 만나는 일을 줄이기 위해 마을 뒷산 공터에 마련한 먹이 급여 장소. 기대와 달리 동네개들은 먹이를 줄 때만 이곳에 머물렀다.

위험하지 않다는 글귀가 적혀 있었다. 동네개들이 사는 곳을 옮기려고도 했다. 동네뜰이 북한산을 오르는 등산객과 만날 수 있는 곳에 있어 동네개들을 마을 뒤쪽 산아래로 이전하려는 것이었다. 이에 동네뜰에 설치한 텐트를 산밑 자락에 있는 공터로 옮겼다. 먹이도 그곳에서 주었다. 텐트와 먹이를 옮기면 동네개들이 주 활동구역을 옮기리라 기대했지만, 동네개들은 먹이를 먹을 때만 새로 마련한 공터에 있고 다시 동네뜰로 내려와 시간을 보냈다.

이중모가 발달해 추위에 잘 견디는 동네개는 텐트 안에 있지 않고 동네뜰에서 눈 속에 있는 에스키모 개처럼 웅크린 채 있었다. 그 후 산자락에 설치한 텐트는 국립공원 안에 설치해서는 안 된다는 산림청의 연락을 받고 주민들이 다시 철거했다. 결국 동네개들은 동네뜰과 독박골 골목에 있는 주차장 두 곳을 오가며 지냈다.

주민들은 동네개들을 좀 더 잘 돌보고 비용적인 지원도 받으려고 유기견 보호를 마을공동체 사업으로 신청했다. 당시 마을공동체 사업은 주민이 마을에 필요한 사업을 수립, 실행하는 주민 주도 사업으로 3인 이상이면 신청할 수 있고 선정되면 지원금을 받을 수 있는 사업이었다. 독박골 주민들의 신청사업이 마을공동체사업으로 선정되었으나 지방자치단체에서 지원비의 사용처를 제한하자 주민들이 사업 진행을 거부했다. 지원비를 사료비 등 주민이 원하는 용도로 사용할 수 없고 울타리를 설치해 동네개들을 가두어 키우는 데 지원한다는 지방자치단체 입장에 주민들이 반발한 것이다. 지방자치단체는 동네개를 격리하여 더 이상 민원을 일으키지 않는 것에 관심이 있었던 것이다.

동네개와
주민의 상생

주민들은 자신들도 동네개의 도움을 받는다고 했다. 북한산에 바로 마을이 접해 있어 간혹 멧돼지가 내려오는데 동네개들이 짖으면 멧돼지들이 발길을 돌린다는 것이다. 동네개가 있는 구역에는 길고양이도 사라졌다고 한다. 동네개들이 영역을 구축하면서 길고양이는 들어설 엄두도 내지 못했을 것이다. 동네개들은 쥐도 많이 잡는다고 했다. 가마니가 쥐를 잡은 것을 본 적이 있다. 녀석은 쥐를 먹지는 않았다. 쥐를 먹이로 생각하지 않지만 본능적으로 사냥한 것이다. 얼마나 쥐를 많이 잡는지 모르지만 동네개는 쥐들에게 두려운 존재임에 틀림없었다. 개의 조상이 인간의 거주지 주변에 살면서 다른 동물을 쫓아내 사람들에게 도움을 주었던 것처럼 동네개는 독박골 주민들에게 도움을 주고 있었다. 인간과 개 사이에 최초의 유대와 비슷한 관계가 독박골에 있었다.

동네개 덕에 마을 사람들의 유대도 강화되었다. 동네개에 대해 이야기하고 사료도 서로 나누어 먹이면서 스스럼없는 사이가 되었다고 한다. 옆집 사람 얼굴도 잘 모르는 서울의 다른 마을과는 많이 달랐다. 이처럼 동네개와 주민들이 서로에게 도움을 주는 관계이고, 위험하지도 않아서 마을 사람들이 동네개와 같이 사는 것을 인정해주길 바라는 마음이 절절했다. 동네개들을 묶어놓으려고 시도해보았지만 개들이 너무 힘들어하는 모습을 보니 계속 묶어둘 수 없었다고 한다. 동네개들의 자유로운 모습이 마을 사람들도 보기 좋았던 것이다.

뒤에서 얘기하겠지만 북한산에서 만난 들개들은 일정 시간이 지나면 사라졌다. 특정한 장소에 꾸준히 나타나면 결국 포획되고 만다. 그곳에 가면 들개가 있다는 것을 알고 포획반이 들이닥쳤기 때문이다. 독박골 무리는 포획반으로부터 자신을 지켜주는 마을 주민들이 있기에 안전하게 살 수 있었다.

개들은 인간 사회에 의존하며 산다. 호주 원주민 사회가 붕괴되면서 딩고가 생겨났다. 은평 뉴타운이 재개발되어 마을이 해체되면서 유기견이 발생했다. 지켜주는 인적 네트워크가 없는 유기견은 포획되어 사라졌다. 독박골 무리는 주민들의 공동체적 노력이 있기에 살아갈 수 있었다.

독박골 주민들은 왜 그렇게 동네개들을 지키려고 했을까? 멧돼지, 길고양이, 쥐 등을 쫓아냈다거나 주민들 간에 사이가 좋아졌다는 것은 부차적인 이유일 것이다. 독박골 주민을 움직이게 한 것은 생명에 대한 측은지심이다. 집 없이 떠도는 개를 보면 돕고 싶은 측은지심이 인간에게는 있다. 이런 측은지심이 포획되는 동네개를 지키게끔 독박골 주민들을 움직였다. 미국 볼티모어시에도 주민들이 평소에는 아무 데나 배설하고 쓰레기장을 뒤지는 동네개를 미워했지만 당국이 소탕작전을 벌이자 오히려 나서서 개를 지키려고 했다.[4]

또 하나 동네개라는 존재 자체를 좋아했을 것이다. 사람은 가축이 아니면서도 주변에 덩치가 큰 동물이 있는 것에 이끌린다. 똑같은 생태적 역할을 하는 멧돼지가 있는데도 반달가슴곰을 복원하고, 비슷한 먹이 활동을 하는 너구리가 있는데도 굳이 여우를 복원하려고 한다. 여러 이유가 있지만 그러한 존재가 우리 지연에 있다는 것 자체를 매력적으로 느끼는 것이 중요한 이유이다. 반半야생으로 자유롭게 살면서도 주민에게 적대적이지 않고 친교하는 꽤 큰 포유동물이 주변에 있다는 것은 독박골 주민들에게 상당히 매력적인 상황이었을 것이다.

06 독박골 무리의 마지막

주변 마을의 민원으로 불안해 보였지만 독박골 무리는 주민들의 보호 속에 그럭저럭 마을에서 살 수 있을 것 같았다. 그러던 어느 날 다시 독박골에 들렀는데 동네개들이 보이지 않았다. 주변 지역 주민들의 불만이 쌓이면서 결국 연대 서명을 하여 민원을 넣었다고 한다. 동네개들이 밤에 심하게 짖는 것이 문제가 되었다. 풀려 있는 개가 짖어댄다는 연대 민원은 다시 관련 기관을 움직였다. 주변 지역 민원과 관련 기관의 압박이 계속되면서 독박골 주민들도 감당하기 어려웠을 것이다.

2018년 6월 말, 유기동물보호소의 활동가들이 독박골을 찾아왔다. 그들은 동네개들을 주차장 구석으로 몰았다. 잔뜩 겁먹은 동네개들은 별다른 저항도 하지 못한 채 뜰채에 잡혀 실려 갔다고 한다. 해당 보호소 사이트에 입양 공고된 동네개들의 모습은 자유로웠던 평소의 모습과는 달리 초라했다. 그들은 좁은 철창 안에 잔뜩 겁에 질려 웅크리고 있었다. 입양 가능성은 전혀 없었다. 다음은 해당 보호소 사이트에서 삼각눈을 소개한 내용이다.

> 믹스견, 17킬로그램. 코 검은색. 얼굴 지저분함 / 곳곳 상처. 전체 털 때탐. 경계 / 겁 많음. 도망다님 / 숨음. 칩 유무 확인 불가

가장 사람에게 살가웠던 초코에 대한 소개 내용은 다음과 같다.

> 믹스견, 15킬로그램. 양귀 쫑긋. 코 검은색. 움찔거림. 사람 따름. 얌전함. 단미 안 됨. 털 상태 불량함

이처럼 두 내용 모두 매우 객관적으로 잘 서술되어 있었다. 그러나 그런 글을 읽고 입양할 사람은 아무도 없다. 북한산 야생개들이 그러했듯 독박골 동네개들도 정해진 절차대로 안락사를 당할 수밖에 없었다.

안락사 위기에 있던 동네개들은 독박골 주민 중 한 가구가 이들을 입양하면서 구제되었다. 초코, 밍키, 눈물, 삼각눈 무려 네 마리를 입양했다. 갈비뼈는 너무 야생성이 강해서 입양하지 않았다. 대신 일정 금액을 내면 죽을 때까지 돌봐준다는 보호소에 맡겼다고 한다. 아마도 사설 보호소가 아닐까 싶다. 가정집에서 개 네 마리를 키우는 것은 손이 많이 가고 돈도 많이 드는 일이다. 갈비뼈를 보호소에 맡기는 비용까지 부담했으니 경제적인 부담도 상당했을 것이다. 정말 좋은 주민들과 같이 있었다는 것은 동네개들에게 커다란 행운이었다. 입양이 되면서 동네개들은 집개가 되었다. 주인 없는 반야생 개에서 주인이 있는 개가 되었다. 자유롭게 동네를 돌아다녔던 동네개들은 집개가 되면서 목줄에 묶여 지내게 되었다. 주민들은 만일 개들을 다시 풀어주면 관련 기관에서 끝내 안락사시킬 것이라고 우려했다.

보호소의 좁은 창살에 수용되었던 일은 자유롭게 살던 동네개들에게 충격적인 경험이었다. 입양되어 독박골로 돌아온 동네개들은 이런저런 질환을 앓았다. 독박골에 돌아온 개들 중에 입양된 집 주차장에 있는 초코와 삼각눈을 만났다. 초코는 기관지염이 심하게 걸려 연신 헛기침과 구역질을 했다. 삼각눈은 피오줌을 눈다고 했다. 그다음에 갔을 때는 초코 대신 눈물이 있었다. 눈물은 엉덩이 상처를 입은 이후로 빠르게 늙어갔는데 보호소에 갔다 온 후 더 심하게 늙어 있었다. 털에는 윤기가 없고 활기도 없었다. 그러나 우려와는 달리 시간이 지나면서 동네개들은 줄에 묶여 있는 것에 적응해 나갔다. 보호소에 갇힌 경험이 심각한 충격을 가져와 줄에 묶인 상황 정도는 순순히 받아들이는 듯했다. 돌아온 개들의 눈동자에는 동네개 시절의 생기가 사라져 버렸다. 그저 정기를 잃은 눈빛으로 무기력하게 누워 있었다. 좋은 이웃이 있었기에 남은 삶을 안전하게 보장받았지만 그들은 맥 빠진 모습으로 시간을 견디고 있었다.

시간이 흐르면서 동네개들도 집개로서의 삶을 받아들이는 듯했다. 눈물의 털 결도 다시 살아나고 활기도 돌아왔다. 엉덩이 부상도 좋아진 것 같았다. 눈물과 삼각눈이 주차장에 있고 옥상에는 초코와 밍키가 있었다. 먹을 것을 꺼내면 눈물만이 아니라 전에 한 번도 그런 적이 없었던 삼각눈도 살짝 꼬리를 흔들었다.

시간이 좀 더 지난 후 만났을 때는 눈물과 삼각눈이 나를 보자 짖어댔다. 호의라기보다는 경계심이 느껴지는 소리였는데 먹이를 주자 조용해졌다. 눈물과 삼각눈은 풀려 있을 때는 짖지 않았는데, 구속되어 도망칠 수 없게 되자 사람에 대한 경계심이 높아진 것이었다. 묶여 있는 상태에서 만나는 횟수가 늘어나자 호의가 담겨 있는 소리로 짖었다. 눈물은 집개처럼 약간 끙끙거리며 짖었고 엉덩이까지 흔들면서 꼬리 쳤다. 삼각눈도 상당히 상기된 표정으로 바라보았다. 개들 간의 의사소통이 약화되자 인간에 대한 관심과 민감도가 높아진 듯했다. 그들은 점점 집개와 비슷한 행동을 하기 시작했지만 곁에 가려 하면 예전처럼 눈물과 삼각눈은 움찔거리며 피했다. 멀리서 보면 꼬리 치는데 가까이 다가가면 꼬리를 내리고 눈치를 보았다. 좀 떨어져 먹이를 땅에 내려놓으면 그제야 다가와 먹었다. 사람의 경우 일반적인 사회관계에서 1.2미터 이상의 거리를 두는데, 그 기준을 적용하면 눈물과 삼각눈은 나와의 관계를 아주 친밀하다기보다는 적당히 예의를 갖추고 거리를 두는 관계로 느끼는 것 같았다.

초코와 밍키는 옥상에서 이런 모습을 내려다보았다. 내가 올려다보면 초코는 큰 소리로 짖었다. 나와 옥상 사이의 거리가 꽤 되어서인지 못 알아보았다. 개는 후각과 청각이 발달했지만 그것만으로 완전히 사람을 구별하지 못했고 시각적 단서가 필요한 듯했다. 집개들도 주인이 가면을 쓰거나 다른 옷을 입으면 못 알아보는 경우가 많다. 활발히 짖는 것을 보면 초코도 일상을 받아들인 것 같았다. 초코를 다시 바로 앞에서 보고 싶다는 생각이 들었다. 아마도 알아보고 살짝 겁먹은 듯 꼬리 치지 않을까?

인간의 인생이 그러하듯 동물의 일생에도 우여곡절이 있다. 동네개들에게도 그런 일이 닥쳐왔다. 개들도 그리움을 느낄까? 인간보다 훨씬 하등하다고 생각되던 동물들이 지각능력이 높다는 것이 속속들이 밝혀지는 연구들을 생각하면 개라면 충분히 그리움을 느낄 것이라 생각한다. 비록 마음씨 좋은 주인의 보호 속에 집개로 살고 있지만 자유롭게 독박골을 돌아다녔던 동네개 시절을 초코, 눈물, 삼각눈, 밍키는 그리워할 것이다.

독박골로 다시 돌아온 후 동네개들이 어떻게 변했는지 물어보고 싶었지만 입양한 사람을 만날 기회가 없어 아쉬웠다. 아마도 내가 짐작하는 주민이 아닐까 싶다. 동네개들이 집개의 삶에 적응하는 것을 보면서 다행이라고 생각했다. 나는 더 이상 주인 없는 개가 아닌 그들에 대한 관심이 약해졌고, 언제부턴가 그들에게 들르지 않고 북한산의 들개만을 찾으러 다니게 되었다.

5~6년 동안 들개와 유기견이 마을에 정착해 주민들과 살았던 동네개의 역사는 이렇게 끝이 났다. 지구별에서 가장 행복했던 개의 무리가 사라진 것이다. 도심 속에 주인 없이 사는 개를 용납하지 않는 우리나라에서 독박골에 동네개들이 살았던 것은 정말 드문 사례이다. 동네개는 섬광처럼 반짝 빛났다 사라진 아름다운 존재이다. 꼭 이렇게 끝나야 했을까. 우리나라에서 인간의 주거지에 사는 동네개는 존재하기 어렵다. 그래서 주인 없는 개들은 모두 산으로 들어가 들개가 되는 길을 택할 수밖에 없었던 것이다.

3부

북한산 들개

01 산길에서 만난 들개

북한산에 사는 들개는 인간의 거주지가 아닌 자연 산림에 사는 야생개로 동네개와 구분된다. 그러나 여기에서는 따로 야생개라 구분하지 않고 '북한산 들개'라고 하기로 한다. 특별히 동네개와 구분이 필요한 경우에는 '야생개'라고 표현했다.

처음에는 북한산 산길을 따라 걸으며 들개를 찾아다녔다. 많은 곳이 출입이 금지되어 있거나 험한 바위 지형이라 산을 다니는 데 한계가 있었다. 그렇게 산길을 다니다 들개 몇 마리를 만날 수 있었다. 2018년 3월경 북한산 둘레길을 찾아가는 산길에서 들개 어미와 새끼를 만났다. 누런 토종개 모습의 암컷 한 마리와 강아지 두 마리였다. 주섬주섬 먹을 것을 꺼내 던졌더니 공격으로 오해했는지 들개들은 한달음에 달아났다. 계속 먹을 것을 들고 따라갔더니 오히려 더 속도를 냈다. 어린 티를 조금 벗은 강아지들도 도저히 따라잡을 수 없을 정도로 빨랐다.

같은 해 4월경 비산 약수터 뒤편에서 하얀 강아지 한 마리를 보았다. 어디선가 강아지 짖는 소리가 들려 올려다보니 약수터 뒤 바위에 하얀 강아지 한 마리가 있었다. 저렇게 짖으면 사람들에게 발견될 텐데 왜 그러

어린 강아지가 숨어서 짖었던 바위굴.
바위굴은 들개에게 좋은 은신처가 될 것이다.

는지 모르겠단 생각이 들었다. 강아지에게 다가가자 바위 틈새에 숨어서 계속 짖어댔다. 어린 개이지만 인간에 대한 경계심이 강했다. 그때 가까이서 잔가지가 부러지고 낙엽 밟는 소리가 들렸다. 어미일지 모른다는 생각에 위험을 느껴 돌아보니 개가 아니라 멧돼지 한 마리가 바로 아래 산길을 달려가고 있었다. 말로만 듣던 멧돼지에게서 엄청난 기운이 느껴졌지만 왠지 무섭지 않았다. 강아지가 있는 위치를 확인하려고 다시 뒤돌아서서 강아지가 숨은 바위굴을 찍고 보니 어느새 멧돼지는 사라지고 없었다. 아무리 들개가 사람을 두려워한다지만 새끼가 위협을 받으면 공격할지 몰라 일단 그곳을 벗어났다. 이후 바위굴에 가보니 역시 강아지는 없었다. 위험하다고 생각한 어미개가 새끼를 옮겼을 것이다.

5월경 구기동 산자락에서도 하얀 들개 한 마리를 보았다. 역시 날씬한 토종개와 모습이 비슷했다. 마주치자마자 마치 고라니처럼 뛰어서 거리를 확보한 뒤 나를 쳐다보았다. 계속 따라가니 눈치를 보던 녀석이 이번에는 작정하고 달아났다. 사람에 대한 경계심이 아주 강한 녀석이었다.

들개들은 사람이 뒤쪽에서 따라오는 것을 몹시 싫어했다. 그럴 때면 전력으로 달아났다. 그나마 들개를 보려면 서로 마주 본 상태에서 다가가지 않고 가만히 지켜보아야 했다. 이처럼 북한산에서 들개를 만나기는 쉽지 않았다. 5월이 되어 나뭇잎이 우거지기 시작하자 더 만나기 어려웠다.

02 왜 들개를 만나기 어려울까

북한산 은평구 지역에 70여 마리의 들개가 산다고 추정되는데 왜 이렇게 만나기 어려울까? 북한산을 등반하는 주민들에게 물어보면 전보다 들개를 만나기 어렵다고 했다. 끊임없는 포획으로 들개의 수가 줄어들었을 수도 있지만 행동 방식이 사람들의 눈에 띄지 않는 것으로 바뀌었을 가능성이 높다.

은평 뉴타운 재개발 때 집중적으로 발생한 유기견들은 사람에 익숙해서 거리낌 없이 나타났을 것이고 먹이를 던져 주길 기대했을 것이다. 그러나 계속되는 포획으로 인간을 위험한 존재로 생각하게 된 개들은 사람을 피하게 되었을 것으로 추측된다. 북한산 들개가 활동하는 모습을 비교적 긴 호흡으로 촬영한 영상으로는 EBS에서 2015년에 방영한 「하나뿐인 지구」 시리즈의 '북한산 들개' 편이 있다. 이 영상을 보면 들개들이 사람들이 많이 있는 체육공원으로 내려와서 자유롭게 다니는 것을 볼 수 있다. 먹이를 주는 사람을 알아보고 졸졸 따라오는 들개 무리도 있었다. 영상에서 들개는 밤에는 활동이 뜸하다가 주민들이 운동을 나오고 등산객이 많은 이른 아침이나 오후에 산 아래로 내려왔다. 낯선 사람을 경계하면서도 먹을 것을 기대하며 다가오기도 했다. 북한산 들개 문제가 본격적으로 조명받던 시기에 제작한 영상이었는데, 야생성이 강해지면 사람을 해칠 우려가 있어 포획이 불가피하다는 의견들이 담겨 있었다.

들개에 따른 피해 우려가 커지면서 북한산 들개에 대한 포획이 최근 들어 집중적으로 이루어졌다. 들개도 학습을 통해 행동이 바뀌는데, 집중 포획은 들개의 행동을 변화시켰을 것이다. 먹이를 넣은 포획 틀에 들개를 유인하는 방법은 이제는 별 효과가 없다. 동료가 붙잡혀 가는 것을 본 들개들이 경험을 통해서 생존에 유리하게 행동을 바꾸고 그런 변화가 사람들 간의 문화처럼 들개들 사이에서도 퍼진 것이다. 인간이 한번도 사냥을 하지 않은 아프리카 국립공원, 갈라파고스섬, 북극 툰드라에 사는 야생동물은 사람에 대한 나쁜 경험이 없기 때문에 가까이 다가온다.[1] 그러나 인간이 사냥을 하는 곳에 사는 야생동물은 사람을 보면 줄행랑을 친다.

사냥이 활성화된 독일에선 주행성 동물인 멧돼지와 사슴이 야간에

말레이시아의 길고양이들.
인간에 대한 경계심이 전혀 없다.

활동한다. 밤이 되면 인간이 잘 나타나지 않고 나타나더라도 시력이 형편없어져 무력하다는 것을 멧돼지나 사슴도 안다. 국립공원관리공단 조사에 따르면 북한산 멧돼지는 일몰 직후인 오후 5시부터 다음날 일출 전인 새벽 5시까지 활발하게 활동한다. 특히 오후 6시부터 오후 9시 사이에 가장 활동이 활발하다. 반면 새벽 5시 이후부터 오후 5시까지는 활동이 거의 없다.[2] 북한산 들개도 멧돼지처럼 야행성의 삶을 선택했을 가능성이 높다. 밤에 활동하면 북한산 들개들도 여러 면에서 생존에 유리하다. 사람들을 만날 가능성이 거의 없고 만나더라도 위험하지 않다. 또 다니기 좋은 산책로를 마음껏 이용할 수 있다. 따라서 낮에는 사람들이 접근할 수 없는 산책로 밖 수풀이나 바위에 은신하고 밤이 되면 마음껏 돌아다닐 가능성이 높다.

스위스 제네바주와 그 주변 지역 동물의 행동 변화는 위의 추론에 힘을 실어준다. 이곳에서 멧돼지에게 가장 무서운 존재는 인간이었다. 그런데 1974년 스위스 제네바주는 주민투표를 실시해 「사냥금지법」을 통과시켰다. 사냥이 중단되자 노루·사슴·멧돼지가 낮에 나타나기 시작했고 사람을 덜 무서워하게 되었다. 더 놀라운 것은 사냥이 이루어지는 이웃 프랑스에 사는 멧돼지들이 사냥을 알리는 뿔나팔 소리나 총성이 들리면 론강을 헤엄쳐 스위스로 넘어간다는 것이다. 강을 건너면 안전하다는 것을 멧돼지들이 아는 것이다.[3] 프랑스의 멧돼지처럼 북한산 들개도 경험을 통해 사람을 만나지 않는 방향으로 행동을 바꾸었고, 그에 따라 북한산 들개를 만나는 것이 쉽지 않게 되었을 것이다. 사람을 회피하는 들개가 덜 포획된다면 회피 성향이 강한 개체들이 늘어날 것이기 때문에 들개와 인간은 점점 더 만나기 어려워진다.

야행성 생활은 원래 개의 본성과도 맞는다. 개는 시각 능력이 떨어지는 반면, 후각과 청각이 발달해서 빛이 부족한 조건에서도 주변을 인지하는 능력이 뛰어나다. 인간과 함께 살면서 개들은 인간의 생체 리듬에 맞춰 주행성 생활을 했지만 원래 개는 야행성 동물이다. 후각과 청각에 의존한 야행성 생활을 하는 들개는 인간과의 충돌을 피하고 본성도 살리는 행동을 선택했을 가능성이 높다. 북한산에 있는 사찰의 승려나 근무하는 사람들도 들개를 보기 어렵다고 했다. 계곡이나 모래밭에 분명 들개들의 발자국이 있는데도 사람들의 눈에 띄지 않는 것은 들개의 움직이는 방식이 변화한 탓이다.

한번은 고등어 통조림을 뿌려놓고 들개가 오기를 기다리다가 저녁을 맞은 적이 있다. 해가 뉘엿뉘엿할 무렵에 내려가기 시작했는데 순식간에 날이 저물었다. 숲길이라 더 어두웠고 내려오는 길도 헷갈렸다. 그때 산 위에서 들개들이 짖는 소리가 들렸다. 그 소리는 점점 가까워지는 것 같았다. 그렇게 듣고 싶었던 소리였지만 그땐 반갑지 않고 등골이 서늘했다. 낮에는 전혀 들을 수 없었던 들개들의 소리가 들리는 것을 보면 이들이 분명 밤에 활발하게 움직인다는 증거였다. 그 순간 뒤로 돌아 산으로 올라갔다면 들개를 만날 수도 있었겠지만 좋은 선택이 아니란 생각이 들었다. 만약 들개들이 공격한다면 그대로 당할 수밖에 없을 거였다. 밤늦게 혼자 산에 남아 있어서는 절대 안 된다.

들개가 사람들의 눈에 잘 띄지 않는 또 다른 이유는 포획과 먹이 부족일 수도 있다. 또 북한산의 서식 조건에서 살 수 있는 개체 수보다 늘어났던 유기견 가운데 많은 수가 도태되면서 들개 수가 뉴타운 개발 이전 수준으로 줄어들었을 가능성도 높다. 뉴타운 개발 전인 1992년 북한산에 들개가 사는 것으로 조사된 이후로 북한산의 서식지에서 살 수 있는 개체 수보다 점점 늘어났던 들개 군집이 다시 1992년 수준으로 돌아갔을 수 있다.

시카고 빌딩 숲에 코요테가 2천여 마리 살지만 사람들의 시선을 피해 다녀 눈에 잘 띄지 않는다고 한다. 서울에선 주거지와 떨어진 북한산 숲에 100마리 내외의 들개가 사람들을 피해 다닌다. 다시 말하지만, 북한산을 방문하는 사람이 들개를 만날 확률은 높지 않다. 서울의 들개와 시카고의 코요테는 크기가 비슷하다. 개체 수도 많이 차이 나고 주거지에서 떨어져 사는 100마리 내외의 들개를 우리는 정녕 용납할 수 없는 것일까?

03 사찰에서 만난 들개

들개를 만나지 못해 답답해하니 독박골 주민들이 들개들이 나오는 곳을 몇 군데 말해 주었다. 북한산에 있는 사찰들과 산꼭대기 몇 곳 그리고 독박골 주변의 산자락이었다. 그 가운데 한 사찰에서 들개를 만나 집중적으로 관찰하게 되었다.

볼트와
루팡

2018년 3월, 한 사찰 입구에서 작은 들개 한 마리를 만났다. 크기가 약간 작은 암컷 황구였다. 젖꼭지가 도드라진 것으로 보아 새끼를 낳았던 적이 있는 듯했다. 귀 안에 털이 눈에 띄게 많은 점이 특징이었다. 내가 다가가자 눈치를 보면서 슬금슬금 물러섰다. 맛살을 하나 던져 주었더니 조심스럽게 다가와서 먹고는 물러섰다. 녀석이 서 있는 곳에 벤치가 있어 좀 더 편하게 먹이를 주고 싶어서 다가갔다. 그곳에는 건장한 황갈색의 수컷 들개가 함께 있었다. 귀가 살짝 접혀 있지만 진돗개처럼 날렵하고 튼튼해 보이는 녀석이었다. 두 녀석이 당황했는지 우왕좌왕하다가 수컷은 다른 곳으로 달아났다.

암캐에게 먹이를 주려고 가방 속을 보니 맛살 꾸러미가 없었다. 뒤를 돌아보니 암캐가 맛살 꾸러미를 물고 달아나고 있었다. 뒤따라갔지만 도저히 따라잡을 수 없었다. 들개는 가파른 산 위로 올라가서 자리를 잡고 내가 못 올라가자 맛살을 감싸고 있는 비닐을 물어뜯어서 먹었다.

포기하고 돌아서는데 수캐가 사찰 근처의 계곡을 따라 달리는 것이 보였다. 재빨리 계곡을 뛰어 올라가 날렵하게 달리는 모습이 100미터 세계기록 보유자 우사인 볼트를 닮아 이름을 '볼트'라고 지었다. 맛살을 날치기 한 녀석은 좀 얄미웠지만 '루팡'이라는 그럴듯한 이름을 지어주었다. 이전에 독박골 개들의 이름을 신체 특징에 따라 아무렇게나 지은 것 같아 왠지 마음이 동해서 이번엔 좀 신경을 써서 이름을 지었다.

한 달쯤 뒤에 사찰 안을 돌아다니는 볼트를 다시 만났다. 사람들은 볼트를 배경으로 인증샷을 찍고 있었다. 사찰 방문객들은 들개에게 큰 거부감을 보이지 않았다. 그냥 못 본 체 지나가거나 "어! 들개다" 하면서 잠시 관심을 보이는 게 전부였다. 좀 더 적극적인 사람들은 들개를 배경으로 인증샷을 찍거나, 먹이나 휘파람으로 유인하려고 했다. 사람들의 친근한 행동은 사찰 안에 사람이 많이 있고 들개들도 위협적인 행동을 하지 않기 때문으로 보였다. 그러나 "들개면 신고해야 하지 않나?"라고 말하는 사람도 있었다. 그렇게 말하는 사람 중 누군가는 정말 신고를 했을 것이고, 그러면 포획과 안락사의 과정이 이어지게 된다. 들개의 구조를 위해서 또는 사람의 안전을 위해서 신고했겠지만 들개에겐 사형선고가 내려진 것이다. 사람들이 모이자 볼트는 사찰 밖으로 벗어나서 산속으로 달아났다. 역시 민첩하고 빨랐다.

루팡은 귀 안에 털이 많이 난 것이 특징이다.

우사인 볼트처럼 날렵한 볼트는 늠름하고 잘생겼다.

그다음에는 볼트와 루팡을 함께 만났다. 사찰 입구 산자락 아래 조금 평평한 곳에 함께 있었다. 내가 처음 만났을 때도 같이 있었던 볼트와 루팡은 늑대처럼 단단한 일부일처의 관계인지는 모르겠으나 두 마리로만 이루어진 작은 무리인 것 같았다. 먹이를 던져 주자 슬금슬금 다가와서 먹고 물러서기를 반복했다. 볼트와 루팡 중간에 먹이가 떨어지자 볼트가 으르렁거려 루팡을 쫓아내고 먹었다. 뚜치에게 한풀 접었던 눈물과 비교하면 볼트는 상당히 매정한 수컷이었다.

둘의 관계에서 볼트가 서열 우위에 있었다. 먹이 앞에서는 볼트가 루팡을 구박하지만 그 순간이 지나자 서로 꼬리를 쳤다. 나중에는 정답게 나란히 앉아서 사람들이 지나가는 것을 구경했다. 이따금 나처럼 먹이를 던져 주는 사람을 기다리는 것인지 아니면 사람 보는 것을 즐기는 것인지 알 수는 없지만 꽤 긴 시간을 그렇게 앉아 있었다. 그것이 볼트와 루팡의 마지막 모습이었다. 아마도 유기동물보호소로 잡혀갔을 것이다. 사람들의 눈에 자주 띄고 같은 장소에 꾸준히 나타나면 생존하기 어렵다. 사찰 입구에서 쉽게 만날 수 있는 볼트와 루팡은 포획을 피할 수 없었을 것이다. 사라진 볼트와 루팡이 안타깝다. 나의 걱정과 달리 더 깊은 숲속에서 잘 살아가고 있기를 바란다.

나한이와 보살이

루팡을 처음 만난 3월, 같은 사찰 경내에서 어린 들개 두 마리를 만났다. 둘은 너무 닮아 형제 같았다. 아직 젖살이 남아서 통통하고, 처진 귀가 순하고 어눌하게 보였다. 털도 여느 북한산 들개에 비해서 북실북실하고 길었다. 최근 육종이 이루어지고 있는 오수개와 살짝 닮아 보였다. 언뜻 보면 골든리트리버의 피가 섞인 것도 같고 어린 진돗개의 모습도 보였다. 진돗개는 성견과 달리 강아지 때는 귀가 처지고 통통하다. 나한이와 보살이는 북한산 들개의 일반적인 모습과는 약간 다르지만 역시 토종개처럼 보였다.

누구라도 두 녀석을 본다면 들개가 사납다는 생각을 버리게 될 것이다. 두 마리 모두 누런 털과 흰털이 섞여 있는데, 사찰에서 본 약간 더 흰

보살이와 나한이는 한배에서 난 것이 틀림없어 보이는 어린 들개였다.
왼쪽 백구가 보살이, 오른쪽 황구가 나한이

사람들의 들개에 대한 반응은 비교적 호의적이었다.
사찰 방문객이 보살이를 부르고 있다.

녀석을 '보살이'라고 이름 지었다. 누런 녀석은 다리를 다쳤는지 뒷다리 하나를 들고 다녔다. 불가의 나한처럼 강건해지라고 '나한이'라고 이름 지었다. 아직 어린 두 녀석은 뒤엉켜서 장난을 치며 놀았다. 다리가 불편한 나한이가 아무래도 밀렸다.

천연덕스럽게 사찰 경내에 들어온 두 녀석은 사람들 눈치를 보면서 일정 거리 밖에서 사람들이 주는 먹이를 기다리는 듯했다. 사찰 경내를 지나는 등산객들이 잠깐 쉬면 2~3미터 밖에 앉아서 기다렸다. 또 사찰에서 예불하고 남은 음식을 놓은 곳에 들러 주린 배를 채웠다.

보살이는 처음 본 날 이후로 다시 볼 수 없었다. 사찰 경내까지 들어온 개를 사람들이 신고했을 가능성이 높다. 아마도 볼트, 루팡과 같은 운명을 맞지 않았을까 싶다. 그런데 나한이는 두 번 더 만났다. 한 번은 그다음 주로 경내에서 간식을 먹는 등산객 두 명 앞에 오랫동안 앉아 있었다. 편하게 앉아서 기다리다 먹이를 던져 주면 받아먹었다. 등산객이 떠나자 나한전羅漢殿 주변에 앉아 쉬었다. 나한이라는 이름과 어울리게 나한전이 녀석의 중심 영역 같았다. 내가 가까이 다가가자 주춤거리며 물러섰

나한이는 천연덕스럽게 경내에 있는 나한전에 엎드려 있었다.
이곳이 녀석의 중심 영역인 듯했다.

한 달 뒤 다시 만난 나한이는 제법 덩치가 커졌다.

다. 내가 더 가까이 다가가자 작은 소리로 으르렁거렸다. 너무 순해 보여서 의외였지만 역시 들개는 들개였다.

그날 이후 한 달 동안 나한이를 볼 수 없었다. 보살이와 같은 운명을 맞았을 거라 생각했는데 한 달쯤 뒤에 다시 나한이를 만났다. 여전히 한 쪽 다리를 들고 있었다. 다친 다리가 회복 불가능한 부상이었던 것이다. 그래도 나한이는 활발하게 움직였다. 먹을 걸 던져 주니 아주 가까이 다가왔지만 먹고 나서는 다시 물러섰다. 나한이는 장난기가 많았다. 휴지조각 하나로도 혼자 잘 놀았다. 주민으로 보이는 남녀가 작은 말티즈를 데리고 지나가자 관심을 보이며 이리저리 뛰었다. 나한이는 순둥순둥한 모습처럼 천진난만했다. 몸이 통통한 것으로 보아 먹이는 충분히 먹는 듯했다. 보살이가 있었다면 함께 재미있게 놀았을 텐데 안타까운 마음이 들었다. 나한이가 더 크지 않았으면 좋겠다. 너무 커버리면 위험을 느낀 누군가 신고할 것이고 여느 들개들과 같은 운명을 맞을지도 모른다.

주차장
삼남매개

2018년 4월경 나한이를 본 뒤로 한동안 들개를 만나지 못했다. 들개들이 사람과 마주치는 것을 피하기 위해 낮 시간에는 활동을 줄였을 가능성이 높고, 개과동물이 원래 밤에 활발하게 활동한다는 점을 감안해 오전 6시에 북한산에 가기로 했다. 효과가 있었는지 7월에 드디어 새로운 들개 무리를 만났다. 산 아래에 공공 주차장에 들개 세 마리가 있었다. 모두 다 성숙하지 않은 아성체들이었다. 모두 황구이고 겉모습도 비슷해 한배에서 태어난 것으로 보였다.

삼남매개 중 한 놈은 골격이 굵직해서 '통뼈'라고 이름 지었다. 수컷으로 이 무리의 우두머리였다. 한 녀석은 날씬해서 '제비'라고 지었는데, 오줌 누는 자세를 보니 암컷이었다. 나머지 한 녀석은 안다깝게도 다리

주차장 삼남매. 왼쪽부터 제비, 통뼈, 실버

통뼈는 골격이
굵직했고,
삼남매개 무리의
우두머리로 보였다.

체격이 날렵한 제비는
암컷으로 사람에게
가장 가까이 다가왔다.

실버는 다리가 하나 없어
앞날이 걱정되었다.

하나가 없었다. 사고를 당했거나 올무에 걸렸던 것 같다. 나한이처럼 강건해지라고 『보물섬』의 외다리 선장 이름을 따서 '실버'라고 이름 지었다. 실버의 성별은 확인하지 못했지만 무리에서 서열이 가장 낮아 보였다. 소시지를 던져 주니 제비가 먼저 다가와 먹었다. 멀찍이 떨어져 지켜보던 통뼈도 제비가 먹자 합류했다. 그러나 실버는 다가오지 않았다. 애완견용 양고기를 땅에 뿌리고 물러서니까 통뼈와 제비만 먹고 실버는 그들 등 뒤에서 지켜만 보았다. 실버가 제대로 먹고 사는지 걱정이 되었다. 이 정도 클 때까지 살았으면 먹긴 했을 텐데 이런 상황에서 힘들 것이 뻔했다.

주차장은 등산객들이 내려서 먹이를 던져 주는 장소 같았다. 진돗개를 닮은 삼남매개들을 보자 차에서 내린 한 여성이 잘생겼다고 한마디했다. 8시가 넘어서면서 햇빛이 눈이 부신지 개들은 주차장 위 낮은 수풀로 자리를 옮겨 주차장을 내려다보았다. 그러다가 얼마 안 있어 산 위로 올라갔다. 나는 그들과 친해지고 싶어 실버를 따라갔다. 실버는 다리가 하나 없는데도 엄청나게 빨라 도저히 따라잡을 수 없었다. 인간은 개를 절대로 따라잡을 수 없다.

아침 일찍 북한산에 가면 계속 들개를 볼 수 있을 거라고 생각했지만 그렇지 않았다. 9월 말 추석 전에야 삼남매개를 다시 만날 수 있었다. 아침 햇살이 눈부신 날, 산 아래 계곡을 뛰어넘는 노란 들개가 황금빛으로 아름답게 빛났다. 정말 멋진 야생 포유류란 생각이 들었다. 그들은 계곡을 넘어서 반대편으로 갔다. 내가 따라 올라가니 들개들은 재빠르게 반대편 산자락으로 달아났다. 통뼈와 제비였다. 실버는 보이지 않았다. 아마도 도태되었거나 포획반에 잡혀갔을 것이다. 아니면 먹이경쟁에서 밀려서 아사했을 수도 있다. 7월에 보았을 때 통뼈와 제비가 먹이를 먹는 동안 끼어들지 못했던 것을 생각하면 충분히 그럴 가능성이 있었다.

통뼈와 제비는 두 달 전보다 경계심이 심해지고 더 멀리 달아났다. 슬금슬금 눈치를 보며 일정 거리에서 먹이를 기다리는 것이 아니라 그냥 한달음에 달아나 버렸다. 그들은 반대편 산에 서서 나를 바라보았다. 나는 다시 그들을 유인하기 위해 고등어 통조림을 쏟아놓고 기다렸다. 전에도 통뼈는 경계심이 강했지만 호기심이 많은 제비는 이번에도 통조림에서 4~5미터 떨어진 곳까지 다가와 내 눈치를 보다가 사진을 찍으려 하자 달아났다. 다시 반대편 산으로 고등어 조각을 던졌는데 돌을 던지는 것으로 오해했는지 영영 사라져 버렸다. 다시 돌아오길 기다렸지만 그들은 나타나지 않았다. 숨어서 나를 지켜보고 있을 거라 생각하여 일단 자리를 떠나 30분 정도 있다가 돌아왔는데도 고등어 조각은 그대로였다. 완전히 달아났거나 아니면 경계를 풀지 않았거나 둘 중 하나일 것이다.

삼색개
무리

2018년 10월 북한산에 곱게 단풍이 들었을 때 아침 일찍 사찰을 찾았다. 사찰 주변 이곳저곳을 둘러보다가 대웅전 옆 잔디뜰에서 산자락에 있는 들개가 언뜻 눈에 띄었다. 바로 올라가 보았지만 사라져 버렸다. 산으로 더 들어가니 사찰 뒤로 신도들의 출입이 제한된 공간이 보였다. 그곳에 검은 개 한 마리가 있었다. 북한산에서 만난 들개들은 대부분 황색이거나 백색인데 검은색 개는 처음이었다. 특이해서 녀석은 그냥 '검둥이'라고 이름 지었다. 좀 멀어서 정확히 판단하기는 어려웠지만 진돗개 네눈박이 같기도 하고 시베리안 허스키를 닮은 것 같기도 했다. 나를 올려다보더니 검둥이는 담담하게 숲속으로 올라갔다. 조금 뒤 진돗개를 닮은 백구 한 마리가 따라 올라갔다. 녀석도 털빛에서 따와 '흰둥이'라고 이름 지었다. 조금 뒤 진돗개 닮은 황구가 뒤를 따랐다. 녀석의 털이 누런색이라 '누렁이'라고 이름 지었다.

새벽 시간 동안 사찰 주변에서 먹이 활동을 한 후 점점 날이 밝아오자 삼색개 무리는 은신처가 있는 산 위로 올라갔다. 삼색개 무리의 우두

새벽 먹이 활동을 마치고 삼색개 무리는
검둥이의 인솔에 따라 그들의 은신처로 올라갔다.

머리는 검둥이 같았다. 검둥이의 인솔에 따라 나란히 숲으로 올라가는 삼색개들은 가을아침 공기처럼 차분했다. 인간이 무례하게 접근하지 않는 한 들개들은 평온한 태도를 유지한다. 삼색개들이 숲으로 사라지자 나는 잔디뜰로 다시 내려왔다. 연해주에 사는 우데게인들은 "호랑이는 호랑이 길을 가고 사람은 사람 길을 간다"고 했다. 그들은 호랑이가 사람을 함부로 해치지 않는다고 믿는다.[4] 그날 들개는 들개의 길을 가고 나는 사람의 길을 갔다. 산에서 들개를 만나더라도 무심하게 가던 길을 가면 문제가 되지 않는다. 생물종에 대한 예의 없이 들개의 길을 느닷없이 가로막는다면 위험하다. 이렇게 말하면 우습지만 나처럼 들개에게 일부러 다가가지 않길 바란다.

이후 검둥이를 다시 만났다. 잔디뜰로 오르자 수풀로 사라지는 검둥이의 뒷모습이 보였다. 검둥이는 사람을 보면 먹이를 기대하지도 않고 미련 없이 바로 사라졌다. 잔디뜰에서 다시 마주쳤을 때 검둥이는 혼자였다. 들개는 무리로 움직이기도 하지만 단독으로 활동하는 시간도 있었다.

04 북한산 들개의 생태

다른 나라의 들개는 대부분 인간의 거주지 근처에서 산다. 반면 우리나라 들개들은 딩고처럼 야생에서 산다. 여느 나라와는 달리 들개가 거주지에 있는 것을 용납하지 않는 우리나라에서 들개는 인간이 쫓아올 수 없는 야생에 은신처를 마련한 것이다. 이 중 한라산 들개는 노루를 사냥하며 살고 북한산 들개는 음식물 쓰레기를 먹으며 산다고 추정된다. 모든 종은 니치가 있어야 살 수 있다. 니치niche는 한 종이 성공적으로 세대를 이어갈 수 있는 서식지와 먹이사슬에서의 역할을 포괄하는 개념으로 기후, 물, 은신처 등 다양한 조건을 포함한다. 모든 종은 자신의 니치에 최적화된 행동을 보이며 산다. 여느 나라의 들개와 니치가 다른 북한산 들개가 어떻게 살아가는지는 흥미롭게 지켜볼 일이다.

북한산 서식지의 특성

들개들이 사는 북한산은 생태적으로 고립된 섬이다. 인근 주택지와 서울외곽순환도로, 내부순환로 등의 큰 도로가 북한산을 둘러싸고 있어

북한산은 경사가 심한 화강암 암반 지형이 많다.
이런 지형에서 들개가 사냥하기도 나쁘지만
인간이 접근하기도 어렵다. 들개는 바위 사이의 공간에
은신처를 마련하고 사람들의 추적을 피하고 있다.

서 다른 산림 생태계와 단절되어 있다. 다른 산림으로 이동하기 어렵기 때문에 북한산 들개는 고립된 개체군을 유지할 수밖에 없다. 들개에 대한 로드킬 제보가 특별히 없는 것을 보면 들개가 차도를 넘나들며 다른 산림으로 이동하지 않는 것 같다. 또 들개들이 북한산 주변 주택가를 돌아다닌다는 제보도 없는 것을 보면 북한산 들개는 북한산 안에서 모든 것을 해결하고 있는 것으로 보인다. 사실 들개가 북한산 밖으로 나오는 것은 사지死地로 나오는 것과 다름없다. 로드킬을 당하거나 전화 몇 통이면 달려오는 포획반에 잡히기 때문이다. 따라서 80~130마리로 추정되는 들개 개체군이 살아가는 고립된 생태계인 북한산이 어떠한 곳인지 살펴볼 필요가 있다.

들개를 만났던 북한산 은평구 구역은 경사가 25~45도로 가파른 지형이다. 화강암류가 풍화해 형성된 암반 지형이 많고 산림은 지름 18~30센티미터, 수령 40~50년 정도의 참나무류와 소나무가 주 수종을 이루어 상당히 숲이 우거졌다.[5] 경사가 심하면 이동에 많은 에너지가 필요하다. 즉 다른 동물을 쫓아가 사냥하기 힘든 지형이다. 반면 인간이 들개를 추적하기도 어려워 천적으로부터 안전한 장점도 있다. 실버처럼 다리가 하나 없는 개도 인간이 따라잡을 수 없다. 지형의 대부분이 화강암 암반이거나 참나무류나 소나무가 우거진 숲은 풀이나 관목이 자라기 어렵고, 풀이나 관목의 잎을 먹고 사는 고라니, 토끼 같은 동물의 개체 수가 늘어나기에도 어려운 조건이다. 반면 참나무류 군락에는 도토리가 많아 멧돼지, 청솔모, 다람쥐, 어치와 같은 동물이 살기 좋은 조건이다.

북한산은 산길과 탐방로가 많아 인간의 간섭을 받기 쉬워 동물이 살기 불리하지만, 울타리나 밧줄로 차단해서 사람들의 출입을 막는 구역이나 경사가 심한 암벽이 곳곳에 있어 안전하게 살 수 있는 포켓형 장소 또한 많다. 더구나 북한산은 환경보전림 지역이라 샛길 통제와 환경보전 활동으로 서울 인근에서는 자연환경이 비교적 잘 보전된 곳이다. 2010년 국립공원관리공단의 북한산국립공원 자연자원조사 결과에 따르면 식물상 635종, 포유류 17종, 조류 98종, 양서파충류 11종, 어류 8종, 육상곤충 1,658종, 저서성 대형 무척추동물 121종, 진정거미류 102종, 고등균류 213종, 담수조류 82종 등 총 2,945종이 서식하는 것으로 확인되었다.[6]

배설물
분석

일반적으로 하이에나는 청소동물로 알려져 있지만 사실은 많은 먹이를 사냥으로 해결하는 포식자이기도 하다. 하이에나는 영양·얼룩말·물소 등 커다란 초식동물을 무리 지어 사냥해서 잡아먹는다. 일반적으로 북한산 들개는 음식물 쓰레기를 먹는 것으로 추정하지만, 한라산 들개나 딩고에게서 보듯, 들개에게는 사냥 본능이 있어 사냥 활동을 할 여지는 있다. 북한산 들개가 사냥을 하는지의 여부에 대해 진단할 필요가 있었다.

북한산 들개가 음식물 쓰레기를 먹는 것 외에 사냥으로 먹이를 보충하는지 알기 위해 배설물을 분석했다. 다른 동물을 먹고 배설을 하면 뼈와 털이 배설물에 포함되기 마련이다. 개똥도 약에 쓰려면 없다더니 처음에는 찾기 어려웠다. 시간이 지나자 들개의 것으로 추정되는 똥들이 발견되었다. 먼 거리를 많이 걷는 것이 아니라 짧은 거리라도 천천히 걷는 것이 배설물 발견에 도움이 되었다. 2019년 2월에 들개 배설물을 채집해서 뼈나 털이 있는지 확인했다. 배설물은 들개를 많이 만났던 사찰 주변 야산에서 4점, 북한산 생태공원 뒤 야산에서 3점, 북한산 둘레길 주변 산지에서 5점, 모두 12점이었다. 11점은 확실히 털이 있었고 1점은 털인지 식물의 조직인지 눈으로 확인하기 어려웠다. 털이 있는 배설물 중 2점은 뼈도 있었다. 다른 시기, 다른 장소에서 발견한 똥에 일관되게 털이나 뼈가 나오는 것은 우연히 접한 사체를 먹은 것이 아니라 들개가 꾸준히 사냥을 하는 것이라는 생각이 들었다.

먼저 해당 배설물이 들개의 것인지를 확인해야 했다. 너구리나 길고양이 같은 다른 동물의 똥일 가능성도 있었다. 포유류 전문가가 많은 국립생태원에 전화를 하니 흔쾌히 도움을 주겠다고 해서 사진을 보냈다. 전문가는 개의 똥이 맞다고 확인해 주었다. 그러나 사진만으로는 어떤 동물의 털인지 알기 어렵다고 했다. 그래서 염치 불구하고 배설물 샘플을 보낸 결과, 북한산 들개는 사냥을 하지 않는다고 나왔다. 만일 사냥을 해서 먹고 눈 똥이라면 털이 촘촘히 있어야 하는데 수집한 배설물에는 털이 드문드문 보인다는 것이다. 그리고 배설물에서 나온 털은 개의 털로 일상생활 중에 소화기관으로 들어가 배설물에 섞여 나온 것으로 보이고, 뼈는 돼지뼈로, 등산객이 버린 족발 같은 음식물 쓰레기를 먹은 것으로 보인다고 했다. 배설물의 내용도 꽃게 껍질, 배추 등 대부분 음식물 쓰레기라고 했다. 즉 북한산 들개는 거의 대부분 음식물 쓰레기만 먹고 산다는 것이다. 심지어 사료가 포함된 것으로 보이는 배설물도 있다고 했다.

들개 배설물에 사료가 포함되어 있다는 것이 이해되지 않았다. 더구나 북한산은 국립공원이라 반려견을 데리고 들어오는 것이 금지되어 있다. 이를 무시하고 반려견을 데리고 오는 사람도 있겠지만 실제로 반려견과 북한산 숲속을 산책하는 모습은 볼 수 없었다. 십개의 배설물을 채집했을 가능성은 높지 않았다. 이런 의문은 북한산을 다니면서 풀렸다. 들개를 불쌍하게 여긴 누군가 산속에 사료를 놓아둔 것을 목격한 것이다. 사료는 들개에게 중요한 먹이가 될 것이고 배설물에 당연히 사료가 포함되었던 것이다.

북한산 들개가 음식물 쓰레기만을 먹는 것으로 나타난 결과는 선행연구와도 일치한다. 황보연 등이 실시한 국립공원관리공단 북한산국립공원사무소의 '북한산국립공원 내 유기견 분변 조사'에서도 북한산 들개는 사냥을 하지 않고 음식물 쓰레기를 먹는 것으로 조사되었다. 이 조사에서는 북한산에서 들개 배설물 8점을 채집해 분석했다. 8점 분변 중 5점에서 동물뼈가 발견되었는데, 다른 개과동물이 야생동물을 먹었을 때 분변에 섞여 나오는 두개골과 치아뼈가 전혀 나오지 않아 사냥을 해서 먹은 것이

뼈와 털이 섞여 있는 들개 똥 샘플.
분석 결과 뼈는 음식물에서 나온 돼지뼈,
털은 개털인 것으로 나타났다.
북한산 들개는 사냥을 하지 않고
오로지 음식물 쓰레기를 먹고 산다.

누군가 들개들이 먹으라고 북한산에 놓아둔 사료.
이런 사료들이 들개의 배설물에 포함되었을 것이다.

아니라고 나왔다. 해당 동물뼈는 사람들이 족발 등과 같은 음식을 먹고 버린 돼지뼈를 들개가 먹은 것으로 추정되었다. 배설물에 섞여 있는 털도 모두 개털이었으며, 연구자는 혀를 사용한 털 다듬이 등 일상생활에서 들어간 것으로 보았다. 확인할 수 있는 다른 식이물은 배춧잎과 같은 음식물 쓰레기 외에 도토리를 포함한 식물 씨앗이 8점의 배설물 중 6점에서 발견되었다. 식물의 열매가 북한산 들개의 먹이 중 일부를 차지하고 있는 것이다. 또 딱정벌레 껍질이 1점의 분변에서 나와 곤충을 먹는 경우도 있는 것으로 나타났다. 열매나 곤충 모두 에너지를 많이 쓰는 사냥이 아닌 채집으로 쉽게 얻을 수 있는 먹이다. 야생 설치류나 조류의 털이나 뼈는 배설물에서 전혀 발견되지 않아 북한산 들개는 거의 사냥을 하지 않는 것으로 확인되었다.

이 조사는 국립생태원에 들개 배설물을 보내놓고 결과를 기다리는 중에 알게 되었다. 북한산 내에서도 장소에 따라 미소 환경이 다를 수 있어 들개가 부분적으로 사냥을 한다는 결과가 나올 수도 있다고 기대했지만, 국립생태원의 분석에서도 음식물 쓰레기만을 먹는 것으로 나타났다.

시기적으로 국립공원관리공단 북한산국립공원사무소의 조사는 4월과 10월에 나누어 이루어졌고, 내가 배설물을 2월에 채집한 것을 고려하면 계절과 상관없이 음식물 쓰레기에 의존한 먹이 활동을 하는 것으로 판단된다. 자연현상에 희망을 갖는다는 것이 적절하진 않지만 나는 은근히 북한산 들개가 음식물 쓰레기 말고도 자연에 기반한 먹이 활동을 하기를 기대했다. 인간과 상관없는 독립적인 삶을 산다면 순수한 야생종으로서의 가치가 확고해지기 때문이다.

긍정적인 면이 없었던 것은 아니다. 그동안 들개와의 경쟁으로 북한산의 고유 동물군이 영향을 받는다는 우려가 제기되어왔다. 그러나 북한산 들개가 다른 동물을 포식하지 않고, 음식물 쓰레기에 특화된 먹이 활동을 하기 때문에 다른 동물과 먹이 자원이 중복되지도 않는다. 북한산 들개는 토착 포유류나 조류에 거의 영향을 미치지 않는 것이다.[7]

동일한 서식지에 사는 동물들은 극한적 대립을 피하기 위해 이용하는 자원을 달리하는 경향이 있다. 먹이 자원 분할resource partitioning의 예는 생태계 곳곳에서 확인된다. 태평양의 크리스마스섬에 서식하는 5종의 갈매기류는 몸 크기, 부리 크기에 따라 선호하는 물고기들이 다르다. 부리가 작고 약한 종은 몸길이가 짧고 작은 물고기를 먹고, 부리가 크고 튼튼한 종은 큰 물고기를 먹는다. 미국 알래스카에 사는 3종의 뇌조도 겨울의 먹이를 달리해 경쟁을 피한다. 버들뇌조는 버드나무류, 바위뇌조는 자작나무류, 흰꼬리뇌조는 오리나무류와 자작나무류에서 먹이를 구한다.[8]

경제적인
생존방식

북한산 들개는 어째서 딩고나 한라산 들개처럼 사냥을 거의 하지 않는 것일까? 미국 햄프셔대 교수인 레이먼드 코핑거Raymond Coppinger, 로나Lorna 코핑거 부부는 동물의 생존 가능성을 X=B/C 공식으로 설명했다. X는 칼로리 득실과 관련된 어떤 행동의 효율성을 나타낸다. X는 그 행동을 통해 얻는 칼로리(B)를 그 행동을 하느라 소모되는 칼로리(C)로 나누어 산출한다. 만일 어떤 동물이 X〉1인 행동을 많이 하면 생존 가능성은 높아지고, X〈1인 행동을 반복하면 생존 가능성이 낮아져 결국 굶어 죽는다.[9] 개방된 쓰레기장에 사는 들개는 가만히 앉아서 반입되는 쓰레기를 기다렸다가 먹기만 하기 때문에 적은 칼로리(C)를 사용하여 많은 칼로리(B)를 얻어 번성할 수 있었다. 이를 그대로 북한산 들개에게 적용하면 북한산 주변에서 나오는 음식물 쓰레기를 먹는 것은 얻는 칼로리(B)는 높고 먹이를 얻기 위해 이동하는 칼로리(C)는 낮기 때문에 생존에 유리하다. 반면, 가파른 북한산의 지형을 오르내리며 사냥하는 것은 소모 칼로리(C)가 매우 높기 때문에 생존에 불리하다. 따라서 북한산 들개에게 칼로리 최적의 생활은 사냥을 하는 것이 아니라 음식물 쓰레기를 먹는 것이다.

들개는 일반적으로 하루 1,000킬로칼로리만 먹으면 된다.[10] 우리나라 성인의 하루 필요 열량이 남성 2,500킬로칼로리, 여성은 2,000킬로칼로리인 것에 비하면 사람의 한 끼를 조금 넘는 음식물 쓰레기를 먹으면 된다. 또 들개는 믿기지 않을 정도로 오랫동안 굶을 수 있다. 따라서 인간의 거주지에 사는 동네개는 먹이를 찾으러 멀리 다니지 않고 참고 기다린다.[11] 비록 은신하는 장소는 인간의 거주지가 아니라 숲속이지만 북한산 들개도 동네개처럼 음식물 쓰레기를 먹는 선택을 했다. 다만 북한산 들개는 불행히도 독박골 동네개나 멕시코시티 쓰레기장의 들개처럼 음식물을 가만히 기다릴 수 없고 은신처와 음식물 쓰레기가 나오는 장소를 오가야 한다. 따라서 이동하는 데 많은 칼로리를 소모해 다른 나라의 들개보다 생존 조건이 불리하다.

사냥을 할 수 없는 이유

경사진 지형으로 칼로리 소모가 많은 것 외에도 북한산 들개가 사냥을 하며 살기는 어렵다. 우선 북한산이 너무 좁다. 북한산의 면적은 79.916제곱킬로미터이다. 80~130마리로 추정되는 들개 수를 적용하면 넓게 잡아도 1마리당 1제곱킬로미터 미만의 영역이 할당된다. 이 정도의 영역에서는 사냥으로만 먹고 살 수 있는 충분한 먹잇감이 있을 수 없다. 음식물 쓰레기를 확보하지 못하면 북한산 들개는 살 수 없다.

또 사냥하기에 적당한 먹이 동물이 별로 없다. 사냥이 생존에 유리하려면 사냥을 통해 얻는 칼로리가 사냥 과정에서 소비되는 칼로리보다 커야 한다. 그러기 위해서는 사냥으로 잡아먹는 동물이 덩치가 아주 크거나 그렇지 않다면 개체 수가 많아 잡기 쉬워야 한다. 이런 조건을 충족할 수 있는 동물이 북한산에는 별로 없다. 개체 수가 많고 또 칼로리를 많이 얻을 수 있는 노루라는 사냥감이 있는 한라산 들개의 서식처와는 조건이 다르다. 북한산에서 가장 큰 먹잇감은 단연 멧돼지다. 멧돼지나 들소처럼 큰 동물을 사냥하는 늑대는 들개보다 덩치가 크고 무리가 조직적이다. 멧돼지는 북한산에 약 120마리 정도가 있는 것으로 추정되는데[12] 100킬로그램이 훌쩍 넘는 억센 멧돼지는 늑대처럼 덩치가 크지도 않고 무리가 조직적이지 않은 들개가 사냥하기 어렵다. 멧돼지 새끼를 포식할 수는 있겠지만 어미가 지키고 있는 상황에선 공격이 불가능하다. 무리에서 이탈한 멧돼지 새끼를 사냥할 수 있겠지만 흔한 경우는 아니다.

또 다른 큰 동물인 고라니는 주로 습지나 평지에 살기 때문에[13] 바위가 많고 경사가 심한 북한산에는 개체 수가 적다. 멧토끼도 꽤 좋은 사

들개가 돌아다니는 구역에서 본 멧돼지의 똥. 멧돼지 똥은 마디가 있는 독특한 모양새이다. 배설물은 동물의 서식 여부를 알 수 있는 중요한 단서로 활용된다.

검은색에 타원형인 고라니 똥. 고라니가 북한산에 살고 있기는 하지만 바위가 많고 경사가 심한 지형이라 많은 개체가 살기는 어렵다.

냥감이지만 교목이 발달하고 하층 식생이 적은 북한산의 특성상 많지 않다. 주로 나무 위에서 생활을 하는 대부분의 조류나 청설모·다람쥐 등은 사냥하기 어렵다. 그런 종들은 언제든지 나무 위나 공중으로 날아오를 수 있기 때문이다. 2010년 북한산국립공원 자연자원조사에 따르면 비교적 잡기 쉬운 어류나 파충류는 북한산에 별로 없다. 이런 먹이 환경에서 들개가 사냥에 집중한다면 굶어 죽기 딱 좋을 것이다.

들개의 폭발적인 증가는
불가능하다

음식물 쓰레기에 전적으로 의존하는 먹이 활동으로 비추어볼 때 북한산 들개가 급증하는 것은 사람들의 우려와는 달리 어려운 일이다. 하나의 종은 생존할 수 있는 서식 조건이 충족되어야 살 수 있다. 얼마나 많은 들개가 살 수 있는가는 그곳이 어느 정도 크기의 공간이며 그곳에서 먹을 수 있는 것이 얼마나 많은지에 달려 있다. 북한산은 생태적으로 고립되고 면적이 한정된 공간이라 들개가 무한 증식해 다른 지역으로 퍼져 나갈 수 없다. 또 음식물 쓰레기가 분리배출되고 있어 북한산의 먹이 환경은 들개에게 매우 불리하다. 음식물이 노출되는 장소가 있더라도 다른 들개나 동물이 먼저 먹을 수 있어 안정적으로 먹이를 확보하기 어렵다. 따라서 사람들이 우려하는 것처럼 들개가 폭발적으로 증가해 인간을 위협하는 것은 불가능하다.

들개는 번식력이 강해서 먹이 조건만 좋으면 개체 수가 빨리 늘어난다. 북한산 들개는 국립공원관리공단 조사에서 이미 1992년부터 그 존재가 확인되었다. 먹이 조건이 좋았다면 27년이 지난 지금쯤 엄청난 수로 들개가 증가해야 한다. 그러나 80~130마리 정도의 개체 수가 있는 것으로 보아 폭발적으로 증가하지 않았다는 걸 알 수 있다. 은평 뉴타운 개발로 엄청난 수의 유기견이 유입되었는데도, 북한산 들개는 북한산이라는 공간과 먹이 조건 안에서 생존 가능한 개체 수만큼만 살 수 있다.

반면, 상당수의 들개를 포획하더라도 들개가 생존할 수 있는 니치에 맞게 개체 수는 원래 수준으로 늘어난다. 잡혀간 들개의 자리는 성견과의 경쟁에서 도태되었을 어린 개들이 메울 것이다. 독박골 주민 말에 따르면 봄에 북한산에서 강아지 시체를 종종 본다고 한다. 비극적이지만 먹이가 부족하여 태어난 들개 중 상당수가 죽음을 맞이한다. 사실 많은 야생동물들이 어린 시기에 죽기 때문에 개체 수가 일정하게 유지된다. 북한산 들개도 마찬가지로 많은 강아지들이 아사한다. 경쟁자인 성견들이 사라지면 비로소 그 자리는 어린 개들의 차지가 된다. 그리고 이미 자리 잡은 들개 때문에 도태되었을 유기견에게도 삶의 기회가 주어질 것이다.

사찰과
계곡

왜 사찰 근처에서 들개를 많이 만날 수 있었을까? 사찰은 북한산과 가장 가까운 곳에 자리한 시설물이다. 일부 사찰은 산속에 있다. 들개의 은신처에 가장 가까운 시설이면서 어떤 위험이 감지되면 사람이 쫓아올 수 없는 산속으로 도망가기 쉬운 장소이다. 또 종교시설이라 방문자들이 들개에게 적대적인 행동을 잘 하지 않는다. 북한산 들개에게 사찰은 생명의 오아시스 같은 장소이다. 북한산에는 많은 사찰들이 있다. 산행 안내 지도에 표시된 큰 사찰만 50개소에 가깝고 인터넷 지도검색을 하면 100

개소가량이 있는 것을 확인할 수 있다. 수도 스님과 방문하는 신도와 등산객을 비추어 보면 음식물 쓰레기가 상당량 배출되는 장소이기도 하다. 동아프리카와 남미 지역에는 사람 100명이 버리는 음식물 쓰레기로 7마리 정도의 개가 산다. 사람 14명이 살면 1마리 정도의 들개가 살 수 있는 것이다.[14] 북한산 사찰에서 배출하는 음식물 쓰레기를 모두 먹을 수 있다면 엄청난 수의 들개가 살아갈 수 있다. 다만 여기 들개에게 매우 불리한 조건이 있다. 대부분의 음식물이 깔끔하게 분리배출되고 있어 들개가 음식물을 먹기가 그리 쉽지 않다.

그러나 들개를 만났던 사찰에서는 예불에 쓰인 음식 중 일부를 일정 시간 밖에 놔두었다. 정확히 말하면 승려가 밖에 두면 일정 시간이 지나 사찰에서 근무하는 직원이 치우는 식이었다. 어쩌면 민간의 고수레처럼 예불 음식을 다른 생명들과 나누는 의식이 아닐까 싶었다. 직원에게 물으니 큰 의미는 없고 예불을 끝내고 음식을 거둬 그곳에 놓으면 자신들이 정리하는 것뿐이라고 했다. 왜 바로 음식물 쓰레기통에 넣지 않고 그런 절차를 거칠까 궁금했다. 다른 사찰에서도 예불한 음식을 내놓으면 다음 날이면 없어진다고 했던 말을 들었던 터라, 사찰에 따라 예불한 음식을 일정 시간 밖에 두는 것이라고 짐작해 본다. 이때 노출된 음식물이 들개에게 좋은 먹이가 될 수 있다. 실제로 나한이와 보살이가 예불을 하고 내놓은 음식을 먹는 것을 보았다. 사찰 하나에 들개 1~2마리 정도만 먹이를 얻어도 현재 추정 개체 수보다 훨씬 많은 수가 살 수 있다.

북한산 계곡에 있는 식당에서도 음식이 많이 소비된다. 많은 음식물 쓰레기가 발생하지만 역시 분리배출되어 들개가 먹기 어렵다. 그러나 만일 식당에서 음식물 중 일부를 산에 놓아둔다면 개들에게는 더없이 좋

사찰에선 음식을 많이 마련하지만 분리배출이 되고 있어
들개가 음식물 쓰레기를 먹는 것이 쉽지 않다.

예불을 마치고 내놓은 음식물을 먹고 있는 나한이와 보살이.
예불 후에 밖에 놓아둔 음식은 들개에게 좋은 먹이원이 될 수 있다.

은 먹이가 된다. 실제로 북한산 들개에 대한 EBS 「다큐 시선」의 '들개 잔혹사'에 버려진 음식물 쓰레기로 들개가 찾아오는 장면이 나온다. 북한산 인접 군부대에서도 병사들의 식사로 많은 음식물 쓰레기가 나온다. 그중 일부라도 들개가 얻을 수 있는 기회가 있다면 들개는 주린 배를 채울 수 있다. 그리고 둘레길이나 등산로 주변에 등산객이 버리고 간 음식물도 들개에게 먹이가 될 수 있다. 호주에서도 캠핑 사이트에 버린 음식물을 노리고 찾아오는 딩고가 늘어나 문제가 된다고 한다.

들개를 불쌍하게 여겨 먹이를 주는 사람도 있다. EBS에서 방영한 다큐멘터리 「하나뿐인 지구」의 '북한산 들개'에 들개들이 자주 출몰하는 북한산 입구 체육공원에서 먹이를 주는 여성이 나온다. 그녀는 들개가 전혀 위험하지 않으며 굶주림에 힘들어하는 불쌍한 동물이라고 말한다. 내가 북한산에서 들개를 찾아다니는 동안에도 누군가 삶은 고구마를 먹기 좋은 크기로 잘라 바위 위에 놓아둔 것을 본 적이 있다. 앞에서 말했듯 사료를 들개들이 다니는 곳에 둔 경우도 있다.

길고양이에게 먹이를 주는 캣맘처럼 들개를 불쌍히 여겨 먹이를 주는 '독맘'도 세계 곳곳에 있다. 굶주린 동물에 대한 측은지심은 인간의 본성이다. 이처럼 먹이를 주는 사람이 있는 반면, 들개를 없애려고 문제 제기를 하는 사람도 있다. 북한산 곳곳에도 들개에게 먹이를 주지 말라는 국립공원관리공단의 안내문이 붙어 있다.

들개가 살기 위해서는 먹이 장소 외에 물을 마실 장소도 필요하다. 북한산 곳곳에는 물을 마실 수 있는 계곡이 많다. 백사실, 진관사, 삼천사, 우이동, 평창동, 구기동, 송추, 청수동, 백운동 등에 계곡이 있어 들개들이 중요한 생명자원인 물을 확보하기 좋은 조건이다.

계곡은 산책로처럼 들개들이 좋아하는 이동경로이기도 하다. 계곡은 경사가 완만해서 가파른 산등성이를 오르내리는 것보다 긴 거리를 이동하기에 편하다. 들개를 많이 만났던 사찰 옆 계곡에 쌓인 눈 위로 들개 발자국을 많이 볼 수 있었다. 또 눈이 없는 계절에도 계곡 옆 모래밭에 들

누군가 들개가 먹으라고
바위 위에 고구마를
놓아두었다.

북한산에는 계곡이 많아서
들개를 포함한 많은 동물들이
물을 마시기 좋은 조건이다.

개 발자국이 보였다. 이렇게 계곡에 발자국이 많음에도 사찰에서 일하는 사람들이 들개의 존재를 잘 모르는 것을 보면 들개들이 사람의 눈을 피해 다니는 것이 분명했다.

북한산 들개가 자신의 영역에서 사람을 피할 수 있는 은신처와 물을 먹을 수 있는 계곡, 음식물 쓰레기를 얻을 수 있는 장소를 포함하여 이동거리를 최소화한다면 생존에 유리한 칼로리가 최적화된 생활을 할 수 있다. 그래도 모든 것을 쓰레기장 안에서 해결하는 멕시코시티 들개에 비해 북한산 들개들은 칼로리 면에서 불리한 조건에서 살아간다.

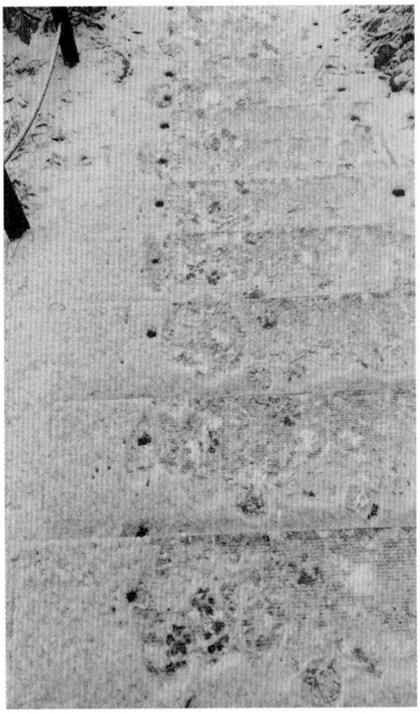

눈 내린 산책로 데크에 섞여 있는
사람과 들개 발자국

계곡 모래에 찍힌 들개 발자국

사람을 대하는
모습

북한산 들개는 사람을 만나면 두 가지 유형의 모습을 보였다. 먼저 볼트와 루팡, 나한이와 보살이는 사람을 보면 일정 거리를 두고 눈치를 살폈다. 가까이 다가가면 더 뒤로 물러나 거리를 두었고 아주 멀찍이 먹이를 주어야 슬금슬금 와서 먹고는 달아났다. 사람을 두려워하지만 사람이 던져 주는 먹이는 기대했다. 반면, 삼색개와 두 번째 만난 주차장 삼남매개는 나를 보자마자 달아났다. 던져 주는 먹이를 기대하는 것이 아니라 사람으로부터 안전을 먼저 확보하려 했다.

먹을 것을 던져 주면 들개들은
슬금슬금 눈치를 보며 다가와
먹고 물러서는 행동을 반복했다.
도주 거리가 짧고 인간이 보는 앞에서
음식을 먹는 점은 들개가
여느 개과동물과 다른 점이다.

7월에 삼남매개들은 주차장 한가운데를 떡하니 차지하고 있었다.
그러나 두 달 후에는 극도로 나를 경계하며 달아났다.

들개가 여느 개과동물과 다른 점은 사람이 보는 상황에서도 먹이를 먹는다는 점이다. 먹이를 달라고 사람을 유심히 쳐다보기도 한다. 다른 나라의 들개는 사람을 별로 두려워하지 않는다. 아프리카의 들개는 사람이 아주 가까이 와야 움직이며 그것도 아주 느리게 움직인다. 늑대, 코요테, 자칼도 사람이 배출한 음식물 쓰레기를 먹는다. 그러나 그들은 사람이 없을 때 몰래 와서 먹으며 사람을 보면 재빨리 달아난다. 사람을 그다지 두려워하지 않는 면 때문에 개는 가축으로 길들여질 수 있었다.[15]

북한산 들개는 사람들에게서 받은 부정적 경험 때문에 사람에 대한 경계심이 다른 나라 들개보다 훨씬 강하다. 사람을 경계하는 북한산 들개의 행동에는 사람에게 관심을 갖는 개의 본성과 안전을 우선하는 다른 개과동물의 성격이 교차되어 나타난다. 사람을 보고도 완전히 달아나지 않고 눈치를 보며 쳐다보았던 볼트와 루팡, 나한이와 보살이는 일종의 도박을 한 셈이다. 사람은 도박이 위험한 줄 알면서도 횡재를 노리고 계속하다가 패가망신한다. 볼트 이하의 개들도 안전을 담보로 사람을 쳐다보며 먹이를 원했고 그 결과는 포획이었다. 북한산 들개에게 사람은 먹이 공급원이면서 동시에 천적이기도 하다.

삼남매개와 삼색개는 일반적인 들개와는 달리 사람이 보는 앞에서 먹지 않고 달아났다. 던져 주는 먹이를 먹지 않았고 사람들과 마주치지도 않았으며 오직 몰래 음식물 쓰레기를 먹는 선택을 한 것이다. 칼로리 측면에선 음식물을 얻을 수 있는 사람 주변에 계속 머무는 것이 효율적이지만 북한산 들개는 사람의 손길이 닿지 않는 곳에 은신하면서 사람을 피해 이동한다. 이러한 선택은 먹이를 얻을 수 있는 기회가 줄어드는 대신 안전을 확보할 수 있다.

이동경로와 영역활동

주차장 삼남매개와 삼색개는 이른 아침 사찰로 내려왔다가 날이 밝으면 산으로 올라갔다. 새벽에 먹이를 구해 먹고 그 후로는 산속에서 보내는 것이다. 볼트도 사람들이 몰려들자 산으로 달아났다. 일단 산으로 달아나면 안전하다는 것을 들개들은 본능적으로 깨달은 것이다. EBS 다큐멘터리 '북한산 들개'를 보면 들개는 산 중턱의 바위가 많은 곳에 살고 있었다. 사람이 접근하기 어렵고 바위틈에 은신할 수 있는 굴이 있기 때문이다. 들개에게 인간은 포식자와 같은 존재여서 들개가 살아가기 위해서는 인간에게서 안전한 장소를 확보해야 한다. 산 중턱의 바위가 많은 곳이 그런 곳이다. 들개는 산 위 은신처와 산 아래 먹이 장소를 오가며 산다.

다큐멘터리 영상에서 들개들은 하울링을 하고 짖기도 했다. 하울링은 멀리 흩어진 무리를 모으기 위한 의사 전달 행동이다. 독박골 동네개와 달리 일정 장소에 머무르지 않고 여러 장소를 이동하며 사는 들개는 하울링이 필요했을 것이다. 반면 북한산 들개는 자주 짖었다. 짖는 행위는 성체 늑대나 딩고가 잘 하지 않는 근거리 의사 전달 행동이다. 독박골 동네개도 많이 짖었고 인도 파리아개도 짖는 것을 보면, 비록 산속에 살지만 북한산 들개에게 근거리 의사소통이 원거리 의사소통만큼이나 중요하다는 것을 알 수 있다. 이 들개들은 늑대나 딩고와 달리 좁은 영역에서 살고 있기 때문으로 보인다.

내가 만난 북한산 들개는 마치 묵언수행을 하는 것처럼 아무 소리도 내지 않았다. 유일하게 들은 것이 내가 다가가자 으르렁거리는 나한이의 소리였다. 개는 다양한 감정으로 짖지만 낯선 사람을 보고 짖는 경우는 그저 경계심을 표현하는 것이다. 그리고 어느 정도 해볼 만하다는 계산이 있어야 개들은 사람을 향해 위협적인 톤으로 짖는다. 독박골 동네개들도 처음 3마리만 있을 땐 조용하다가 6마리가 되자 크게 짖어댔었다. 개들은 낯선 상대가 나타났을 때는 꼬리를 치켜세우고 빠르게 흔들면서 짖는다. 그러나 북한산 들개들은 꼬리를 가랑이 사이로 감추고 슬금슬금 눈치를 보면서 아무 소리도 내지 않았고 주눅이 든 채 사람을 바라보았다.

사냥을 하는 늑대에겐 영역이 중요하지만 일반적으로 들개는 먹이나 영역을 두고 싸우지 않는다.[16] 야생동물은 공간을 행동권과 세력권으로 나누어 행동을 달리한다. 행동권은 먹이 활동, 짝짓기, 양육 활동 등 모든 활동에 사용되는 공간이다. 세력권은 행동권 가운데 배타적으로 지배하여 같은 종이 들어오는 것을 방어하는 공간이다.[17] 호랑이가 같은 영역에 있는 늑대들을 무조건 죽이듯, 먹이가 같으면 다른 종에게도 세력권 방어를 하는 경우가 있다.

늑대에게 먹이 활동 공간은 행동권이면서 세력권이다. 늑대에게 먹이 영역을 잃는 것은 칼로리를 획득할 기회를 전부 잃는 것이며 곧 죽음을 의미한다. 따라서 먹이 활동 공간을 강하게 방어한다. 반면 들개는 음식물 쓰레기인 먹이가 적절히 있을 경우 그것을 두고 싸우는 것은 칼로리 면에서 비효율적이기 때문에 먹이 영역을 세력권으로 하지 않는다. 북한산 들개도 먹이 영역을 세력권으로 두지 않고 다른 들개와 공유하는 것으로 보인다. 만일 배타적인 성향이라면 볼트와 루팡이가 있는 곳에 어린 나한이와 보살이가 있을 수 없다. 또 통뼈와 제비를 만난 잔디뜰은 삼색개가 다니는 곳이기도 하다. 볼트와 루팡, 보살이와 나한이가 영역을 공유했듯 삼남매개와 삼색개도 영역을 공유했다. 사냥이 주요 먹이원이 아닌 음식물 쓰레기가 주요 먹이원이기 때문에 가능한 일이다.

먹이 영역이 없는 대신 들개들은 다른 자원을 놓고 싸운다. 쓰레기장에 사는 들개들은 먹이를 두고 싸우지 않지만 물과 그늘을 두고는 방어행동을 한다.[18] 다만 본격적으로 싸우는 경우는 드물고 대부분 으르렁거리거나 공격적인 자세를 취하는 것만으로 소유권이 결정된다. 역시 칼로리 소비를 최소화하는 행동이다. 칼로리는 움직이는 것에만 소비되지 않고 부상을 회복하는 데도 사용되기 때문에 상처가 생기는 싸움을 피한다. 쓰레기장의 들개가 물과 그늘을 두고 싸우듯이 북한산 들개들도 자신들이 은신과 휴식을 하는 중심 영역에 대해서는 방어행동을 할 것이다. 나한이도 나한전에서 으르렁거렸고 독박골 동네개도 다른 들개나 집개가 동네뜰 근처에 나타나면 공격적인 반응을 보였다.

EBS '북한산 들개' 영상을 보면 들개 무리가 다른 무리의 들개를 보고 천천히 지나가는 장면이 나온다. 서로 공유하는 공간에서 마주친 것으로 보인다. 반대로 다른 무리의 영역에 들어왔던 들개가 꽁무니를 빼며 달아나는 장면도 나온다. 북한산 들개는 먹이 활동을 공유하는 행동권과 은신하는 핵심 세력권으로 나누어 공간을 인식하고 있는 것이다. 사람도 직장에서는 다른 사람과 공간을 공유하지만 집으로 돌아오면 배타적인 거주를 한다. 직상에 출근했다 가정으로 돌아가는 사람처럼 들개들도 사찰 주변으로 왔다가 은신처로 돌아가는 영역 활동을 하고 있는 것이다. 독박골 동네개들이 마을에 내려온 들개를 공격한 것은 그들이 거주하는 핵심 세력권과 먹이 활동 공간이 일치하는 까닭이다. 좁은 공간에서도 먹이를 해결할 수 있는 동네개들은 먹이 활동 공간이 굳이 넓을 필요는 없다. 반면, 북한산 들개들은 상대적으로 넓은 먹이 활동 공간을 다니며 먹이를 구해야 하는 상황에 처해 있다.

무리
활동

사찰 근처에서 만난 들개의 무리는 2~3마리였다. 산길에서 만난 들개 무리도 마찬가지다. 뉴스에 나오듯 10마리 가까이 떼를 지어 다니는 모습을 보지 못했다. 들개에 관한 EBS 영상에서는 약 5~6마리 정도가 같이 움직이는 장면이 있지만 무리의 크기가 일반적으로 어느 정도가 되는지 확증하기 어렵다. 다만 몇 가지를 추론하면 2~3마리로 무리 짓는 경우가 좀 더 많을 가능성이 높다.

늑대나 딩고가 큰 무리를 형성하는 것은 공동 사냥과 양육이 필요하기 때문이다. 북한산에선 사냥을 위해 큰 무리를 형성할 필요가 없다. 개과동물이 큰 무리를 이루는 것은 큰 먹이를 사냥하기 위해서다. 그러나 15~20킬로그램 정도의 들개가 멧돼지를 사냥하기 어렵고 그런 장면이 목격된 적도 없다. 음식물 쓰레기도 그리 풍족하지 않은데 무리가 크면 생존에 불리하다. 함께 먹이를 찾았을 때 개체에게 배분되는 먹이 양이 적어지기 때문이다. 북한산 들개는 공동 양육도 하지 않는 것 같다. 보살이와 나한이, 주차장 삼남매개 모두 1년이 채 안 돼 보이는 어린 개였다. 늑대라면 2년이 지나야 무리를 떠나는데 이들은 아직 어린데도 독립해서 활동했다. 새끼들이 일찍 독립하기 때문에 들개 무리의 규모가 커지기 어렵다. 또 큰 무리를 이루면 사람의 눈에 더 잘 띄게 되어 포획의 위험도 커진다. 여러 면에서 무리를 크게 이루면 북한산 들개에게 불리하다.

뉴타운 개발이 한창일 때보다 들개 개체 수가 줄어들어 무리의 크기가 작아졌을 가능성도 있다. 재개발 사업으로 유기견이 많아졌을 때는 일시적으로 큰 무리를 이룰 수 있다. 원래 개는 무리 동물이므로 특별히 생존에 유리한 점이 없어도 무리에 합류한다. 갈비뼈가 독박골 무리에 합류하고 싶어 독박골 주변을 맴돌았던 것도 같은 이유였다. 그러나 일시적으로 증가한 개체 수가 잦은 포획과 먹이 부족으로 북한산의 조건에 맞는 수로 줄어들면서 큰 무리를 형성하는 것이 어려워졌을 수 있다.

번식
활동

들개와 늑대의 번식 전략은 완전히 다르다. 사냥을 하는 늑대는 두 마리가 견고한 쌍을 이루고 평생을 같이 산다. 암컷이 새끼를 배서 동작이 둔해지면 수컷이 주도적으로 사냥을 하고 새끼의 양육에도 적극적인 역할을 한다. 늑대들은 2년이 되어야 독립을 한다. 2년이 안 된 늑대는 사냥 능력이 부족해 독립하면 굶어 죽기 때문이다. 대신 2년이 될 때까지 어미 곁에 머물면서 그해 태어난 동생들을 돌보고 사냥도 돕는다.

반면 들개는 특별한 짝을 두지 않으며, 암컷은 발정기에 다수의 수컷과 짝짓기를 한다. 한배에서 나온 새끼의 아비가 다른 경우도 흔하다. 자기 새끼인지도 불확실한 새끼를 돌보지 않는 것은 당연하다. 양육에 관심이 없는 수컷들은 짝짓기가 끝나면 다른 암컷을 찾는다. 자유롭게 유전자를 교환하는 들개들의 난혼亂婚은 유전자 다양성을 최대한 확보할 수 있어 매우 유리한 번식 전략이다. 서식지가 제한되어 개체 수가 한정된 북한산 들개가 유전자 다양성을 유지하면서 군집을 유지하기에 적합하다. 유전자 고정성이 높아지고 근친교배가 늘면 근교약세近交弱勢로 인해 번식 능력이 떨어지고 선천적 질병이 많아져 개체군 유지가 어렵다.[19] 북한산 들개는 난혼을 통해 이러한 문제를 해결할 수 있다. 또한 끊임없이 버려지는 유기견도 북한산 들개 군집이 유전적 다양성을 확보하는 데 역할을 할 것이다.

들개는 늑대와 달리 오래 새끼를 돌보지 않으며 새끼들은 겨우 10주 정도이면 독립한다. 어린 나이에 독립한 들개들은 성견과 경쟁하기 때문에 생존 확률이 낮다.[20] 북한산의 나한이, 보살이, 주차장 삼남매개에서 추측하건대 북한산의 들개도 일찍 독립하는 번식 전략을 쓴 것으로 보인다. 나한이와 보살이를 처음 만났던 때 막 독립한 시기로 보인다. 음식물 쓰레기를 얻을 수 없다면 독립이 불가능한 시기였다. 북한산 들개도 많은 수가 성장 과정에서 죽을 것이다. 대부분의 늑대는 약 5년 정도를 산다.[21] 멕시코시티 쓰레기장에 사는 들개들도 5년 정도 산다. 아무리 음식물 쓰레기가 풍부해도 인간의 보호를 받지 않는 들개의 삶은 그리 만만치 않다. 그래서 들개들은 생존할 수 있는 것보다 많은 개체를 낳으며 그중 생존 능력이 강한 것들만 살아남는 번식 전략을 사용한다.[22] 북한산 들개도 동일한 전략을 쓸 수밖에 없으며 이에 따라 들개의 수명이 짧고 세대 교체도 빠를 것이다.

들개는 일반적으로 1년에 한 번 정도 번식을 한다. 개과동물의 번식기는 종과 장소에 따라 다르다. 매사추세츠주의 코요테는 3월경에 새끼를 낳는다. 에티오피아 늑대는 다양한 시기에 새끼를 낳는다. 일반적으로 동네개로 사는 들개는 일정한 번식기가 없다.[23] 일 년 내내 생육 조건의 차이가 없기 때문이다. 독박골 동네개 중 갈비뼈도 5월에 발정했었다. 북한산 들개의 번식주기가 일정한지 다양한지는 알 수 없지만 겨울철에 번식이 활발한 것으로 보인다. 3월경에 만났을 때 아직 강아지 같았던 나한이와 보살이, 같은 달에 산길에서 만난 어미개와 새끼 2마리, 4월에 비산 약수터 뒤에서 본 강아지, 7월에 만난 주차장 삼남매개로 추측한다면 들개 새끼들이 주로 겨울에 많이 태어나는 것으로 보인다. 독박골 주민도 이른 봄에 죽은 들개 새끼를 종종 보았다고 하니, 이 시기에 어린 강아지들이 독립하면서 아사한 것으로 보인다.

그리고 북한산 들개는 일찍 어미에게서 독립한 뒤 일정 기간 같은 배에서 난 새끼들끼리 움직이는 것으로 보인다. 보살이와 나한이, 주차장 삼남매개의 외모가 매우 비슷한 것을 보면 분명 한배에서 난 새끼였다. 치타 같은 동물에게서도 독립 후 일정 기간 형제들끼리 몰려다니는 사례를 볼 수 있다.

중형 토종개의 모습

북한산에서 만난 들개는 대부분 중형 토종개의 모습이었다. 정확히 말하면 토종개 중에서도 진돗개와 비슷한 스피츠 계열로 꽤 잘생겼다. 스피츠 계열은 시베리안 허스키, 아키타견, 그린란드 개처럼 날렵한 체구, 갸름한 얼굴, 귀가 쫑긋해 가장 원형적인 개의 형태를 지닌 품종이다. 우리나라의 토종개 중 진돗개, 풍산개, 동경이, 제주개 등이 스피츠 계열인데, 북한산 들개가 이들과 유사하다. 그리고 이들 모두는 흔히 말하는 '똥개'의 모습이기도 해서 비슷한 유전자 풀을 공유한다. 다만 진도나 풍산과 같은 지역적 고립으로 근소한 차이가 있는 품종이 생겨났다.

북한산 들개의 털색은 황색, 흰색, 검은색 등 다양한데 진돗개나 동경이의 털색에서도 같은 현상을 볼 수 있다. 여러 유전자의 영향을 받아 평균색으로 귀착하는 인간과 달리 개의 털색은 멘델의 완두콩 실험에서 나타나는 방식에 따라 결정되어 털색이 다양하다.[24]

사실 지금은 스피츠 계열의 토종개가 흔하지만 우리 정서와 친근한 종류의 개는 아니다. 스피츠 계열은 바둑이, 삽살이, 발바리 등으로 친근하게 불렀던 우리 개와는 외형이 다르다. 전통적인 우리 개의 모습은 조선시대 그림에서 유추할 수 있다. 그림 속의 개들에게선 누운 귀, 긴 털, 얼룩무늬를 많이 볼 수 있다. 이암의 「모견도母犬圖」 속의 강아지에게 젖을 먹이는 어미개는 누운 귀에 얼룩무늬이며 얼굴이 유순하다. 신윤복이 그린 「나월불폐도蘿月不吠圖」 속의 개도 누운 귀와 얼룩무늬로 발바리나 바둑이라고 불렀던 개들을 연상하게 한다. 김홍도, 김득신의 그림에서도 이와 비슷한 작은 우리 개를 볼 수 있다.

김두량의 「흑구도黑狗圖」는 얼룩무늬는 아니지만 누운 귀에 털이 긴 개가 시원하게 몸을 긁는 모습을 묘사했다. 국립중앙박물관에 소장된 작가 미상의 그림에는 지금의 삽살개가 그려져 있다. 스피츠 계열의 개는 김익주의 「응수도鷹狩圖」에서나 볼 수 있다.[25] 조선시대 그림을 보면 다양한 종류의 토종견이 있었고, 그려진 빈도수를 감안하면 토종개 가운데 스피츠 계열의 개가 지금보다 훨씬 비중이 낮았던 것으로 보인다.

물건의 이름을 한글 또는 한자로 풀이한 19세기 출간물 『물명고物明攷』에는 4가지 종류의 개 이름이 정리되어 있다. 대마 섬유처럼 털이 긴 개를 삽살개, 사자처럼 두상이 크고 털이 많은 개를 더펄개, 희고 검은 무늬가 있는 개를 바둑개, 작고 털이 긴 개 금사구金獅拘는 우리말로 발바리

조선시대 그림 속의 우리 개

이암의 「모견도」

신윤복의 「나월불폐도」

김두량의 「흑구도」

삽살개 (작가 미상)

김익주의 「응수도」(국립중앙박물관 소장)

북한산에서 살았던 볼트나
북한산에서 독박골로 내려온 갈비뼈
처럼 북한산 일대에서 주인 없이
사는 개들은 대부분 스피츠 계열의
토종개 모습이었다.

라고 한다고 기록되어 있다.[26] 역시 스피츠 계열의 개를 묘사한 말은 없다.

삽살개 복원에 힘써온 하지홍은 삽살개를 비롯한 다양한 우리 개가 사라진 이유를 일제 강점기에 일제가 피혁을 군수 및 생활 필수자원으로 하여 견피 수집을 시행한 것에서 찾고 있다. 근대화 과정에서 우리 토종 가축이 경제성이 없거나 생김새가 못났다는 이유로 멸종되었지만 일제의 영향도 컸던 것이다. 일본의 개인 아키다, 기주견, 북해도견, 시바견 등은 모두 스피츠 계열이다. 내선일체를 표방한 일본은 스피츠 계열인 진돗개와 풍산개만을 보호하고 나머지는 야견野犬이란 명목으로 적을 때는 1년에 10만 매, 많을 때는 1년에 50만 매의 견피를 수집했던 탓에 다양한 우

리의 토종개가 사라졌다.[27]

그렇다면 북한산 들개는 왜 스피츠 계열 토종개의 모습일까? 현재 남아 있는 토종개가 스피츠 계열이 많아 버려진 개들 중 토종개는 진돗개와 비슷한 모습일 확률이 높다. 또한 품종과 관계없이 자유롭게 교배를 하면서 개의 원형적 품종인 스피츠 계열의 모습으로 점점 변하게 되었을 것이다. 그리고 유기견 중 외래품종은 우리나라 자연환경에서 생존하기 어려워 토종개만이 살아남았다고 추론할 수 있다. 우리나라 겨울은 상당히 추운 편이라 요즘 실내에서 키우는 외래종 반려견은 노지에서 겨울을 넘기지 못한다. 사계절이 뚜렷한 기후에 따라 거친 겉털과 빽빽한 속털로 된 이중모가 발달되어 여름과 겨울에 맞게 털갈이를 하는 개들이 들개로 살아남을 수 있다. 다양한 품종의 개들이 버려지지만 우리나라 기후 변화에 적응할 수 있는 토종개 성향을 지닌 개만이 산에서 살아남는다.

야생에서는 인위적 교배가 아니라 자연교배가 이루어져 품종을 유지할 수 없다. 따라서 서식 환경에 맞는 개들이 집중적으로 자연선택되고 이들 간에 번식이 계속되면서 우리나라 자연환경에 최적화된 모습을 갖추게 된다. 북한산의 들개 군집이 상당기간 지속된다면 우리나라 자연환경에 맞는 개의 원형적 모습으로 수렴될 것이다. 그리고 그 개는 인위적으로 품종교배된 개에 비해 훨씬 건강하고 유전자가 다양하다.

자연선택은 들개의 크기에도 작용한다. 부족한 먹이 여건을 견딜 수 없는 덩치가 큰 개들은 도태된다. 또 들개 간의 경쟁에서는 아주 작은 개들이 도태된다. 모든 동물은 각 종이 생존하는 생태적 지위에 최적화된 크기로 바뀐다. 전 세계 들개의 평균 크기는 13.6킬로그램이다. 이 정도가 음식물 쓰레기를 먹고 사는 들개의 생태적 지위에 최적화된 크기라 할 수 있다. 몸 크기가 들개의 2배가 넘는 북미 늑대는 하루 2,500킬로칼로리의 열량이 필요하다.[28] 따라서 북미 늑대는 들소나 엘크 사슴을 사냥해 생명을 유지한다. 그럴 수 없는 북한산 들개가 북미 늑대처럼 크다면 굶어 죽을 수밖에 없다. 북한산 들개는 15~20킬로그램 정도로 들개의 평균치보다 살짝 큰 편이다. 유기동물보호소 사이트에 게시된 독박골 동네개들의 몸무게는 15~20킬로그램 사이로, 북한산에서 만난 들개 중 성견들이 독박골 개들과 비슷한 크기였다.

들개는 인도, 동남아, 아프리카 등 더운 지방에 많이 산다. 우리나라는 이보다 훨씬 춥다. 체온이 일정한 항온동물은 같은 종일 경우 추운 곳에 살수록 몸이 크다는 베르그만 법칙Bergmann's rule은 들개에게도 적용된다. 덩치가 커질수록 몸의 부피에 대해 표면적이 줄어들기 때문에 체온 손실이 적어 추운 지방에 살수록 들개의 덩치가 크다. 기온, 먹이 조건, 동족 간의 경쟁 조건이 복합적으로 작용하여 15~20킬로그램 정도의 중형견이 북한산에서 경쟁력을 갖추고 많이 살게 된 것이다.

들개뿐 아니라 모든 종은 생존에 유리한 방향으로 크기가 결정된다. 노르웨이 과학기술대KYNU 연구자들이 참새를 대상으로 한 실험은 각 종들의 적정 크기에 대해 시사하는 바가 크다. 이 실험에서 연구자들은 참새가 오리처럼 커지지 않은 것은 지금의 크기가 생존과 번식에 가장 유리하기 때문이란 결론을 도출했다. 연구진은 작은 섬 세 곳을 골라 그곳의 참새를 모두 잡아 한 섬에는 큰 참새만을, 다른 섬에는 작은 개체만을 방사하고 선택되지 않은 새는 본토와는 아주 먼 곳에 풀어주고 나머지 한 섬은 대조군으로 남겨두기로 했다. 2002~2005년까지 새를 포획해 선택하여 풀어주고, 2006~2012년까지 인위적 포획 방사를 멈추고 참새가 자연적으로 어떻게 변하는지를 관찰했다. 당연히 인위적인 포획과 방사 기간 동안에 두 섬의 참새 크기 차이가 확연했다. 그러나 인위적 조작을 멈추자 참새 크기는 원래대로 돌아왔다. 원래 크기가 참새의 생존과 번식에 유리했기 때문이다. 북한산의 들개가 거의 중형견인 것은 그 정도가 북한산이란 생태적 지위에서 생존에 가장 유리하기 때문이다.

자유롭게 교배해 우리 자연환경에 맞게 자연선택되어 살아남은 들개는 우리나라 개의 고유한 성질을 지닌 원광석과 같은 우수한 개들이다. 과거에는 집개를 풀어서 키웠기 때문에 들개와 집개의 교배가 많이 일어났을 것이다. 인위적 교배가 아닌 자연교배를 한 집개와 들개는 우리나라 환경에 맞는 특성과 함께 다양한 유전자를 공유했다. 토종 견종들은 이러한 유전자를 토대로 탄생되었다.

추가적으로
필요한 연구

들개 개체 수에 대한 정확한 조사가 필요한데, 현재는 주민 신고 건에 기초해 임의적으로 숫자를 파악하고 있는 수준이다. 좀 더 정밀하게 개체 수를 파악해야 하며, 특히 개체 수의 변화 추이에 대한 조사가 이루어져야 한다. 현재 우려하는 것은 들개 개체 수가 지나치게 증가하는 것인데 실제로 그럴 수 있고 단순한 추측일 수도 있다. 만일 개체 수가 눈에 띄게 늘어난다면 중성화 수술 후 방사와 같은 개체 수 조절 작업이 필요하지만, 일정하게 개체 수가 유지된다면 그 정도에서 유지하는 것이 현명하다. 들개가 살 수 있는 생태적 지위가 있는 한 들개를 포획해 줄인다 해도 다른 유기견이 유입되거나 성견과의 경쟁에서 도태되었을 어린 개들이 빈자리를 채우기 때문이다.

무선 전파 송수신기를 이용해 들개의 동선을 파악하는 조사도 필요하다. 인가와 산림을 왕복하며 살아가는지, 아니면 산림 안에서만 살아가는지, 어느 정도의 거리를 이동하면서 사는지, 들개 무리 영역의 크기는 어느 정도 되는지를 객관적으로 파악할 필요가 있다.

들개의 동선이 파악되면 해당 동선을 활용해 들개의 행동 방식을 세밀하게 관찰하는 연구가 이어져야 한다. 직접 관찰 외에도 센서 카메라를 활용하면 도움이 될 것이다. 예를 들면 들개가 늑대처럼 한 쌍이 짝을 이루어 평생 사는지 집개처럼 자유롭게 짝짓기를 하는지의 여부, 번식을 늑대처럼 1년에 한 번 하는지 아니면 집개처럼 수시로 하는지의 여부, 무리의 구성원 구조, 서열 관계 등 다양한 부분을 관찰할 수 있을 것이다.

특히 무리의 크기에 대한 연구가 필요하다. 독박골 무리의 경우를 보면, 처음 만났을 때 3마리 동네개가 보여준 행동과 두 번째 만났을 때 6마리 동네개의 행동이 아주 달랐다. 일반적으로 무리의 크기가 어느 정도인지는 들개 무리의 위험성을 가늠하는 중요한 기준이 될 수 있다.

북한산 들개는 인도 파리아개처럼 음식물 쓰레기를 주로 먹지만 딩고처럼 야생에서 산다. 그러므로 상반된 행태를 보이는 두 종류의 행동 방식이 혼합되어 나타날 가능성이 있어 연구의 여지가 많다. 들개를 하루빨리 제거해야 할 동물로 보는 분위기에서는 이러한 연구가 어렵다. 들개의 발생을 하나의 생명현상으로 받아들이고 그들과 합리적인 관계를 이루는 것이 의미 있는 일이라고 인정해야만 들개의 행태에 관한 연구도 가능하다.

05 개의 조상을 보다

독박골 동네개와 북한산 들개에서 인간 거주지 주변에 살았던 개의 조상을 보았다. 독박골 동네개는 마을 안으로 들어와 사람들과 접촉했고 북한산 들개는 사람이 있는 곳 근처로 내려와 음식물 쓰레기를 먹고 산으로 올라갔다. 독박골 동네개는 멧돼지나 길고양이가 마을에 접근하지 못하게 하는 데 주민들에게 도움을 주었고, 사찰에서 만난 북한산 들개는 고대에 들개가 인류에게 접근해 관심을 끌었듯이 북한산 방문자들의 관심을 끌었다.

늑대에서 갈라진 개의 조상은 독박골 동네개나 북한산 들개와 비슷했다. 개는 인간 거주지 주변에서 청소동물로 살면서 온순해졌고 들개의 어린 개체를 인간이 길들이면서 오늘의 집개가 되었다. 이러한 개의 조상의 모습으로 북한산 들개들은 살고 있다. 아니, 세계적으로 들개가 집개보다 많다는 사실을 고려하면 개가 사는 좀 더 보편적인 방식으로 북한산 들개들은 살고 있다. 들개는 개의 원형이자 보편형이다.

반면 집개는 개의 변화형이고 오히려 특수형이지만, 우리 사회는 오직 집개만을 인정한다. 그래서 우리나라 들개는 다른 나라의 들개에 비해 힘든 삶을 산다. 인간의 거주지에 사는 동네개는 독박골 무리가 해체됐듯이 우리나라에선 용납되지 않는다. 인간이 용납하지 않지만 완벽히 제거하기 어려운 야생개만이 들개로 살아가고 있다. 만일 사람들이 허용했다면 북한산 들개는 독박골 동네개처럼 사람이 사는 곳으로 내려와 살 것이다. 그러나 들개들은 산으로 숨어들었다. 그리고 사람들은 산으로 간 들개들마저 절멸시키려 하고 있다.

들개가 포식자로 살든 청소동물로 살든 나름의 생태적 지위를 확보하고 산다면 다른 야생동물들처럼 그 생명을 존중해야 한다. 광견병 문제가 제기되겠지만 광견병이 우려된다고 너구리를 모두 죽일 수 없듯, 들개를 몰살하는 것도 좋은 방법이 아니다. 개 물림 사고가 우려된다는 심리적 이유만으로 근절하는 것은 온당하지 않다. 들개는 다만 살고 싶을 뿐이다. 들개의 생명을 존중하면서 현재 제기되고 있는 문제를 해결할 방안을 찾아야 한다.

4부

인간과 들개의 관계

01 들개는 위험하지 않다

우리나라에서 들개를 용납하지 않는 것은 들개로 인한 인명피해가 발생할지 모른다는 우려 때문이다. 그러나 들개가 사람들을 공격한다는 항간의 기사는 사실과 다르다. 내가 북한산에서 만난 들개들은 사람에게 경계심을 느끼고 접근하지 않았다. 기사에서처럼 등산객을 졸졸 따라다니며 위협하는 경우도 없었다. 사람을 보면 피하고 물러서거나 도망쳤다. 어느 정도 거리에서 눈치를 보며 쳐다보는 것이 고작이었다. 들개는 집개보다 사람에 대해 더 조심스럽다.

실제로 개 물림 사고의 대부분이 집개에 의해 발생하며 들개가 사람을 문 경우는 거의 없다. 개 물림 사고는 묶여 있는 개이거나, 대부분의 시간을 집에 있다가 익숙하지 않은 장소에서 낯선 사람을 만난 집개가 일으킨다. 언제든지 도망갈 수 있고, 사람에게 접근하는 것이 위험하다는 것을 경험으로 아는 들개가 사람을 물 가능성은 매우 낮다. 들개에게는 사람과 싸우기보다 도망가는 것이 훨씬 쉽고 유리한 선택이기 때문이다.

동물보호시민단체 카라에서 이사로 활동했던 수의사 박종무는 그의 책 『살아 있는 것들의 눈빛은 아름답다』에서 '유기견들이 등산객을 위협한다'는 기사들이 많은데, 유기견들이 위협하는 게 아니라 '등산객들이 유기견들로부터 위협을 느꼈다'가 더 맞는 표현이라고 주장한다. 사람에 따라 등산로에서 들개와 마주치면 무서움을 느낄 수 있다. 이는 들개가 실제로 위험하다는 객관적 사실이 아니라 들개가 두렵다는 주관적인 느낌이다. 물론 사람을 해치는 들개가 있다면 포획해야 한다. 다만 구체적인 개체에 대해서 최소한으로 행해져야 한다. 두렵다는 느낌 때문에 무작위로 생명을 죽여서는 안 된다.

우리나라 들개의 수가 계속 늘어나고 있어 위험성이 높아진 것도 사실이 아니다. 한번도 우리나라 들개의 개체 수 증가에 대해 객관적으로 조사한 적이 없다. 우리나라 들개는 인간의 거주지에 머물지 못하고 산으로 갔다. 우리나라 대부분의 산은 경사가 심해 개과동물이 사냥하며 살기 좋은 지형과는 거리가 있다. 백두대간은 우리나라에서 동물이 가장 많은 곳이다. 먹이가 될 만한 동물의 숫자로 본다면 가장 많은 들개가 살아야 한다. 그러나 설악산부터 지리산까지 백두대간에 정착한 들개 무리는 없다. 경사가 심한 산악지역이라 사냥하기가 나빠 들개의 서식지가 될 수 없기 때문이다. 현재 백두대간에는 담비가 최상위 포식자이다. 청솔모와 같은 설치류를 주로 잡아먹지만 무리 지어 멧돼지 새끼나 고라니를 잡아먹고 들고양이를 사냥하는 모습도 촬영되었다. 담비는 좁은 수풀 사이를 자유자재로 다니고 나무와 나무 사이를 잘 뛰어다닐 수 있다. 또한 숲의 가장자리보다는 중심부에 살기를 좋아해 인간의 피해에서 벗어나 있다. 비록 담비는 들개보다 작고 약하지만 백두대간에서 포식자로 사는 것에 들개보다 우월한 점이 있다.

북한산 들개처럼 도시 인접 산지에 살며 음식물 쓰레기를 먹는 들개의 상황도 좋지 않다. 음식물 분리수거가 잘되고 있고 개방된 음식물 쓰레기 처리장이 없어 들개가 음식물 쓰레기를 얻기 어렵다. 포획의 위협도 늘 있다. 들개의 개체 수가 늘어나기에는 좋은 여건이 아니다.

마취총으로는 들개를 잡기 어려우니 총을 허가해야 한다는 의견도 제기되고 있다. 총으로 들개를 완전히 제거하겠다는 것이다. 이와 관련하여 들개를 유해 야생동물로 분류해 총기로 잡을 수 있게 하자는 「야생생물 보호 및 관리에 관한 법률」 개정안이 발의되기도 했다. 서울시는 야생화된 개를 유해동물로 지정해 달라고 환경부에 요청한 적도 있다. 주택가로 내려오는 멧돼지는 유해동물로 구분되어 총으로 사살할 수 있다. 그러나 동물보호법상 들개는 '유기견'으로 분류되어 산 채로 잡아야 하지만 포획이 쉽지 않아 유해동물 지정을 요청하는 것이다. 그러나 환경부는 '유기견이 멧돼지처럼 사람에게 위협을 가하거나, 들고양이처럼 생태계를 해친다는 보고는 없다'며 유보적인 입장이다.[1]

이처럼 총으로 들개를 근절하겠다는 의견에는 많은 문제가 있다. 우선 들개보다 총기를 들고 다니는 사람이 많아지는 것이 더 위험하다. 예컨대 북한산의 경우 국립공원관리공단 자료에 따르면 2014년 기준 연간 1,380만 명이 등반했다. 이런 곳에 총기를 든 사람이 돌아다닌다면 그 총으로 들개가 아니라 사람을 잡지 말라는 법이 없다. 게다가 들개와 유기견의 경계가 애매하다. 들개와 주택가의 개들이 어울리기도 하기 때문이다. 들개를 총으로 잡을 수 있게 한다면 모든 유기견도 표적이 될 수 있다. 그 과정에서 주택가의 개들과 사람도 안전할 수 없다. 2018년 3월 부산 강서구에서 유해조수 구제용 공기총을 가진 사람이 주인이 있는 진돗개에게 공기총 2발을 쏘았으나 죽지 않자 차로 치어 죽인 사건이 있었다.

그는 들개로 오인해 사람을 해칠 우려가 있어 죽였다고 경찰에서 진술했다.[2] 또한 유기견이 끊임없이 생기고 그들 중 일부가 산으로 유입되는 현재 상황에서는 들개를 포획해도 다시 들개가 생길 수밖에 없어 총을 사용하는 포획은 효과가 없다.

결정적으로 들개를 만나는 것이 쉽지 않다. 들개는 사람이 많이 다니는 시간에는 등산로를 피한다. 정해진 등산로로 등반했을 때 들개와 마주칠 확률은 매우 낮다. 마주쳤다 해도 들개가 사람을 공격할 가능성도 거의 없다. 북한산에서 사람이 들개에게 물렸다는 뉴스가 들리지 않는 이유이다.

02 들개는 집개보다 안전하다

들개의 포획과 안락사

유기견이 점점 늘어남에 따라 포획도 늘어나고 있다. 서울시에서는 2011~2015년 사이에 북한산에서 잡은 322마리를 포함해 2011년 36마리, 2012년 100마리, 2013년 96마리, 2014년 68마리, 2015년 117마리로 모두 417마리의 유기견을 포획했다.[3] 2016년에는 서울시에서 유기견 115마리를 포획했는데, 이 중 2.6퍼센트만 주인에게 인계되고 42.6퍼센트는 입양되었으며, 54.8퍼센트가 안락사되었다. 지자체에서 운영하는 유기동물보호소에 있는 개들은 공고 후 10일이 지나도 주인이 나타나지 않으면 일반인에게 분양된다. 그러나 만일 입양되지 않으면 보호소의 수용 능력이 부족해 순차적으로 안락사된다.

포획된 들개들은 유기동물보호소로 간다. 유기견과 달리 야생화된 들개들은 사람을 잘 따르지 않아 입양이 어려워서 대부분 안락사된다. 이처럼 멀쩡하게 잘 살고 있는 들개를 잡아서 안락사시키는 것에 대해 논란이 있다.

인명피해 가능성은 낮다

들개 포획의 이유는 인명피해에 대한 우려이다. 특히 어린이나 노약자에게 위해를 가할지 모른다는 것이다. 그러나 우려만큼 정말 위험한지는 다시 살펴볼 일이다. 실제로 인명사고가 벌어진 경우는 극히 드물기 때문이다.

인터넷에서 내가 접한 인명피해 사례는 2016년에 1건, 2017년에 1건, 2019년에 2건 정도인데, 이 중 심각한 부상을 일으킨 경우는 없었다. 계속 강조하지만 북한산 들개를 만난 경험에 비추어 보면 들개는 위험하지 않았다. 처음 북한산 들개를 만나겠다고 했을 때 걱정된 것은 들개들이 떼로 덤벼드는 것이었다. 그래서 방어용으로 단도 하나를 사기도 했다. 들개가 떨어져 있을 때는 등산스틱으로 방어하고, 만일 들개가 공격해서 넘어지면 불가피하게 단도를 사용할 생각이었다. 그러나 그런 일은 일어나지 않았다. 북한산을 돌아다니며 만난 들개들은 먼저 접근하지 않았고 항상 일정 거리를 유지했다. 가장 무서웠던 독박골 개들과 두 번째 만났을 때도 일정 거리를 두고 짖기만 했다. 오히려 내가 다가가면 그들이 달아났다. 북한산 개들은 사람을 많이 경계했다. 사람에게 무관심한 말레이시아 개들과는 달리, 북한산 들개들은 긴장된 모습이었고 사람을 경계했다. 불행했던 과거의 경험이 들개의 유전자에 각인된 것일지도 모른다.

동물들은 그 지역 사람들의 태도에 따라 사람을 대하는 방식이 다르다. 일본의 아오시마섬은 고양이 애호가들에게 유명하다. 이 섬에는 고양이가 사람보다 더 많이 사는데 사람들이 고양이를 잘 대해주고 먹이를 주어서인지 낯선 사람에게도 스스럼없이 다가간다. 반면 우리나라의 길고양이는 사람이 다가가면 급히 도망친다.

북한산 개들이 사람에게 가장 원하는 것은 일정한 안전거리였다. 따라서 들개와의 충돌을 막으려면 일정한 거리를 유지하면 된다. 사실 사람들 사이에서도 일정한 거리를 원한다. 사람은 공적으로 중요한 인물과는 9미터 이상의 거리를 원하고, 일반적인 사회관계에서는 1.2미터, 사적으로 친밀한 관계에서는 45센티미터~1.2미터의 간격을 둔다. 아주 밀접한 관계에서만 45센티미터 이내의 간격을 허용한다고 하는데, 이 거리는 애정을 나누는 거리이지만 격투가 가능한 거리이기도 하다.[4] 이 기준에 따르면 독박골의 초코는 엄청나게 가까운 거리를 나에게 허용한 것이다. 그러나 낯선 사람이 초코를 만지려 한다면 격투를 하겠다는 위협으로 느껴질 수 있다.

들개들은 안전거리를 원하기 때문에 인간과 거리가 가까워지면 도망간다. 그러나 도망갈 수 없는 장소에 있거나 인간이 갑자기 다가온다든지 보호해야 할 새끼가 있다면 저항하기 위해 물 수도 있다. 그렇기 때문에 '가까이 다가가지 않기'라는 규칙만 지키면 개 물림 사고는 예방할 수 있다.

안전거리가 확보되면 동물은 인간을 공격하지 않는다. DMZ에 사는 멧돼지는 군인들의 잔반을 잘 먹는다. 멧돼지는 인간을 공격하지 않고 멀리서 지켜보다가 병사가 잔반을 두고 사라지면 먹이를 먹는다. 반면 인간의 영역인 도시로 들어와 갑자기 포위된 멧돼지는 공격적으로 변해 날뛴다. 자신이 통제할 수 없는 거리에 인간이 가까이 있다고 생각한 것이다. 언제든지 도망갈 수 있게 안전거리를 확보할 수 있다면 동물들은 공격적인 행동을 하지 않고 피하는 쪽을 선택한다.

사실 대부분의 사람들은 낯선 개에게 일부러 다가가지 않기에 사고 날 확률이 낮다. 독박골에서 만난 주민은 독박골 무리가 전혀 위험하지 않다고 확신했다. 나 역시 독박골 무리나 북한산 들개를 만났을 때 그렇게 느꼈다. 독박골 동네개들이 어린아이에게 공격성을 띤 경우는 없느냐는 질문에, 한 주민은 같은 건물에 살았던 어린아이가 장난을 치려고 개에게 다가가면 뒤로 물러났다고 답했다. 낯익은 어린아이에게는 공격성을 보이지 않는 것이다. 다만 낯선 어린아이가 공포를 느껴 소리치며 도망가면 동네개가 놀라서 돌발행동을 할 수도 있을 것이다. 그런 상황까지 장담할 수 없으니 어린아이는 혼자 다니지 않게 하는 것이 예방하는 방법이다.

집개가 들개보다 훨씬 위험하다

앞에서도 말했지만 들개가 위험해서 포획해야 한다면 집개도 키우지 말아야 한다. 소방방재청이 국회에 제출한 자료에 따르면 개에게 물리거나 관련 안전사고로 병원에 이송된 환자가 2014년 1,889건에서 2016년에는 2,111건으로 늘었다.[5] 외국도 마찬가지다. 미국은 6천만 가구에서 9천만 마리의 개를 키우는 반려견 천국이지만, 미국 질병통제예방센터CDC에 따르면 개가 사람을 무는 사고가 1년에 약 450만 건, 71명당 1명꼴로 발생한다.[6] 이 가운데 병원에서 치료받을 정도로 심각한 경우는 100만 명에 이르는데 대부분이 어린이다. 이 중 12명 정도가 목숨을 잃는데 이 또한 대부분 어린이다.[7]

세상에는 들개가 집개보다 수가 더 많음에도 세계적으로 개 물림 사고는 거의 대부분 집개에 의해 발생한다. 미국은 1966년부터 1980년 사이에 개에 물려 사망한 사고가 71차례 있었는데, 모두 주인이 있는 개에 의한 것이었다.[8] 자동차 사업이 쇠락한 디트로이트 시에 5만 마리의 들개가 발생했을 정도로 미국에도 상당수의 들개가 있었다. 그럼에도 들개에 의한 개 물림 사고는 거의 없었다. 묶여 있어 스트레스를 크게 받는 집개는 공격성이 강하다. 이들은 도망칠 수 없어 공격적인 행동을 하는 것이다.

벨랴예프가 가축화 실험을 했던 은여우는 붉은여우의 변종인데, 야생에서는 사람에게 공격적이지 않고 거리를 두려고 한다. 그러나 갇혀 있을 때는 아주 사납고 공격적이어서 여우 농장에서 일하는 사람들은 두꺼운 보호장갑을 끼어야 한다.[9] 동네개를 관찰하던 시기에 독박골로 올라가는 길목에 백구 한 마리가 묶여 있었는데 성깔 사납게 마구 짖어댔다. 장작이 많이 쌓여 있는 곳에 있어 '장작'이라고 이름 붙였는데, 볼 때마다 세차게 짖어서 좀 성가셨다. 그러던 어느 날 주인이 줄을 풀어주자 장작은 동네개 무리와 어울려 돌아다녔다. 나와 꽤 가까운 거리에 있어도 짖거나 적대적인 행동을 전혀 보이지 않았다. 동네개들과 달리 나와 친해지는 과정이 없었는데도 자유로운 상황에서는 적대적인 행동을 하지 않았다.

사람을 접촉할 기회도 집개가 들개보다 훨씬 많다. 또 주인 가족에게 서열 의식을 투사하여 어린이와 노인을 얕잡아보고 공격하는 경우도 있다. 이런 복합적인 요인이 작용해 개 물림 사고는 거의 대부분 집개의 소행이다.

사람과 접촉 빈도가 낮고 극도로 경계하는 들개는 사람을 공격할 가능성이 훨씬 낮다. 북한산 들개들은 대부분 20킬로그램 미만의 덩치로 보였다. 이들에게 성인의 체격은 마치 인간이 불곰에게 느끼는 위협적인 덩치이며, 청소년만 되어도 반달곰 정도의 크기로 느낄 것이다. 들개 입장에서 인간은 함부로 공격하기에는 너무 큰 동물이다. 들개는 인간을 건드리면 자신이 더 위험해진다는 것을 잘 알고 있다.

사람을 문다는 이유로 반려견을 없애는 것이 옳을까, 아니면 사람을 물지 않게 하는 방법을 찾는 것이 맞을까? 들개가 개 물림 사고의 가능성이 있다는 이유만으로 없애는 것은 옳지 않다. 더군다나 그 가능성은 매우 희박하다.

개 물림 사고를
막는 법

개 물림 사고는 몇 가지를 지키면 대부분 막을 수 있다. 먼저 낯선 개에게 다가가지 말아야 한다. 물론 낯선 개에는 들개도 포함된다. 개는 자신을 보호해야 한다고 느낄 때 사람을 문다. 개는 낯선 사람이 허락 없이 자신에게 접근하는 것을 위협으로 느낀다.

개의 눈을 똑바로 쳐다보지 말아야 한다. 개는 상대방이 똑바로 쳐다보면 공격이나 도전으로 받아들인다. 사람도 누군가 뚫어지게 바라보면 불쾌한 것처럼 개들도 똑같다. 이외에도 개를 자극하는 행동은 하지 말아야 한다. 소리치거나 뒤를 보이고 도망가거나 놀리거나 공격해서는 안 된다. 만일 낯선 개가 먼저 다가온다면 시선을 마주치지 말고 조용히 지나가거나 개가 지나가기를 기다리는 것이 안전하다.

집개의 경우는 개와 인간의 서열을 분명히 해야 한다. 응석을 부리며 버릇없이 행동하게 해서는 안 되며 복종 습관을 익히도록 훈련해야 한다. 집단생활을 하던 조상으로부터 서열 의식을 물려받은 개는 자신보다 서열이 낮다고 생각하면 가족을 물 수 있다. 이러한 이유로 개가 자신을 키우는 주인을 무는 경우가 의외로 많이 발생한다. 다만 폭력으로 복종을 강요하면 주인을 두려워하고 심리적 트라우마가 생길 수 있으므로 개를 키우려는 사람은 반려견이 거부감 없이 서열에 대한 바른 인식을 갖게 하는 훈련 지식을 익혀야 한다.

어린이가 혼자 개와 대면하는 상황이 생기지 않게 해야 한다. 치명적인 개 물림 사고는 대부분 어린이에게 발생한다. 집 안에서 개들은 작은 어린이가 자기보다 낮은 서열에 있다고 생각할 수 있다. 반면 어린이는 개를 건드리거나 아무렇게나 잡아챌 수 있다. 이런 경우 서열을 무시한다고 생각한 개가 어린이를 공격할 수 있다. 집 밖에서도 어린이를 혼자 두어서는 안 된다. 들개든 일시적으로 풀린 집개든 성인은 자신보다 훨씬 커서 선뜻 공격하려 하지 않는다. 반면 덩치가 작고 뒤뚱거리며 어색하게 걷는 어린이는 공격 본능을 자극할 수 있다. 야생에서도 사냥의 대상은 보통 동물의 어린 개체이다. 또 개를 보고 어린이가 놀라서 소리를 지르거나 뒤를 보이고 도망간다면 공격 가능성은 더 높아진다. 어린이에게 개와 마주치면 소리치며 도망가지 말라고 교육해야 한다. 또 들개가 출몰하는 산에는 어린이 혼자 다니게 해서는 안 된다. 물론 그런 곳에 어린이 혼자 다니는 것은 흔하지 않다. 사실 어린이가 혼자 다니면 개뿐 아니라 사고나 범죄 등 각종 위험에 노출되므로 그런 일이 있어서는 안 된다.

중성화 수술도 개 물림 사고를 예방하는 방법이다. 인간을 공격한 개체의 상당수는 성숙한 수컷이다. 남성 호르몬인 테스토스테론testosterone은 공격성과 연관성이 높다. 수컷 개를 거세하면 이런 공격성이 급격히 줄어든다.[10]

또 하나 권하고 싶은 것은 들개가 나오는 곳에는 밤에 다니지 말라는 것이다. 인간은 밤이 되면 잘 보지 못해 취약해진다. 반면 들개는 밤이 되면 행동이 훨씬 공격적으로 바뀐다. 멕시코시티 쓰레기장의 들개는 밤에 더 많이 짖고 더 많이 싸우고, 낮에는 조용하다고 한다. 에티오피아 사람들은 들개들이 공격할 수 있어 밤에 밖으로 나가지 않는다고 한다. 대신 들개가 돌아다녀서 밤에는 그 누구도 주민들의 집에 침입할 수 없다고 한다.[11] 우리나라에서도 개 물림 사고를 막으려면 밤에 산에 가지 않으면 된다. 산은 야생동물의 공간이며 밤은 그들의 시간이다. 이를 간섭하면 충돌이 일어난다.

야간에 산에 다니지 않는 것은 사람의 안전뿐만 아니라 야생동물이 정상적으로 살기 위해서도 필요하다. 제주대 오홍식 교수 연구진의 조사에 따르면 많은 사람들이 야간 산행을 하고 있으며, 이 때문에 야생동물의 행동이 교란되고 있다고 한다. 덕유산 국립공원과 지리산 국립공원 사이의 백두대간인 육십령~덕치 52킬로미터 구간 12곳에 무인카메라를 설치해 1년 동안 운영한 결과 등산객의 11퍼센트가 밤에 찍혔다고 한다. 백두대간 핵심 구역에서의 야간 산행은 불법임에도 많은 사람들이 야간 산행을 하고 있다. 일반적으로 야생동물은 야간 활동을 많이 해서 저녁 7~8시경 등산로에 가장 많이 출현했다. 그런데 그 시간에 사람이 나타나면 야생동물은 그곳에 가지 않는다고 한다. 특히 야간 산행에 쓰이는 헤드랜턴은 빛에 민감한 야생동물의 활동을 위축시킨다. 사람이 지나간 뒤 다람쥐는 6분 만에 나타나기도 했지만, 포식자인 담비, 삵 등은 18시간 정도가 지나야 나타났고, 노루나 고라니 등 초식동물은 더 민감해 하루가 지난 뒤에나 나타났다.[12]

개가 보내는 경고신호

개 물림 사고를 막기 위해서는 개의 언어를 이해하는 것이 필요하다. 개의 언어는 몸짓과 표정으로 이루어져 있다. 사실 사람도 언어보다는 비언어적인 요소를 통해 소통한다. 사람의 비언어적 의사소통을 연구한 앨버트 메라비언Albert Mehrabian은 사람의 의사소통에서 언어의 비중은 7퍼센트 정도에 지나지 않으며, 표정 · 자세 · 몸짓 · 음성 등 비언어적 요소가 나머지 93퍼센트를 차지한다고 말한다.

개는 스트레스나 위협을 느꼈을 때 극단적 상황을 피하기 위해 다양한 몸짓으로 신호를 보내며, 이런 신호들을 이해하면 개 물림 사고에 대비할 수 있다. 개가 스트레스를 받았을 때의 행동 중 하나는 하품이다. 개는 스트레스를 가라앉히고 상대방과 좋게 지내길 원할 때 하품을 한다. 또 혀로 자기 입술 핥기, 몸 털기, 뒷다리로 머리나 옆구리를 긁거나 입을 벌리고 빠르게 헐떡거리는 것은 스트레스를 받았을 때 하는 행동이다. 그 밖에 상대방의 시선을 피하거나 바닥의 냄새를 킁킁거리면서 딴청을 부리기도 한다.[13] 눈을 휘둥그렇게 뜨기, 귀를 뒤로 젖히기, 꼬리를 가랑이 사이로 숨기는 것은 겁을 먹었다는 표현이다.[14]

개에게 스트레스를 주는 행동은 다음과 같다. 곧바로 일직선으로 다가가기, 눈을 정면으로 뚫어지게 보기, 소리 지르기, 개를 향해 팔을 내밀기 등이다.

또 우리 생각과는 다르게 머리 만지기, 끌어안기와 같은 신체 접촉도 개에게 스트레스를 주는 행동이다. 주인이 안거나 만질 때 가만히 있는 것은 좋아서라기보다 주인을 우위 개체로 여기고 참는 것이다.

스트레스 받을 때 행동

자기 입술 핥기

몸 털기

하품하기

머리나 옆구리 긁기

경고신호

사납게 짖기. 이때 꼬리를 들고 빠르게 흔드는 것은
반가워서가 아닌 경고하는 것이니 주의해야 한다.

이빨을 드러내고 으르렁거리기. 귀를 머리 뒤로 바짝 붙이고
털을 곤두세우며 잔뜩 긴장한 표정을 짓는다.

만일 서열이 낮다고 생각하는 어린이가 개를 안거나 만지면 개는 불편함을 느낀다. 서열에 맞지 않는 행동이므로 응징해야 할지 새끼 개를 대하듯 그냥 넘길지를 고민하게 된다.

개와 사람은 서로 다른 언어를 사용하기에 때론 오해를 낳는다. 사람이 개에게 호감을 표현할 때 머리 쓰다듬기를 가장 많이 한다. 그러나 개는 머리 만지는 것을 매우 싫어한다. 머리 위로 손이 오기 때문에 잘 보이지 않아 위협을 느끼며, 손이 개의 시선을 가릴 소지도 있다. 개와 많이 친해지기 전까지 머리 쓰다듬는 행동을 해서는 안 된다. 보통 목 아래나 가슴 정도를 만질 때 개가 느끼는 거부감이 덜하다.[15]

상대방의 행동이 참을 수 있는 수준에서 넘어서면 개는 경고신호를 보낸다. 물기 직전에는 순간적으로 입을 다물고 호흡을 멈추고 가만히 있다가 공격한다. 짧은 순간이라 감지하기 쉽지 않다. 그러니 그 이전 신호인 이빨을 드러내고 으르렁거리기, 공격적인 눈빛, 꼬리를 높이 들고 흔들기, 곤두선 털, 머리 뒤로 바짝 붙인 귀, 얼굴과 몸의 근육 긴장, 소리 내어 짖기 등을 잘 감지해야 한다.[16]

개의 스트레스 반응이나 경고신호가 감지되면 가까이 가지 말고 물러서야 한다. 사람들 사이에도 일정한 거리를 두어야 심리적인 안정감을 느끼듯, 개도 사람처럼 일정 거리를 확보하고 싶어 하며, 그 거리 안에 다른 존재가 들어오면 부담을 느낀다. 더군다나 낯선 사람이 거침없이 다가오거나 만지려 한다면 극도로 긴장한다. 반복해서 말하지만 들개든 집개든 낯선 개를 만났을 때 한 가지만 지키면 개 물림 사고를 막을 수 있다. 바로 '가까이 다가가지 않는 것'이다.

가축 피해와
광견병에 대한 우려

발생빈도가 매우 낮은 인명피해와 달리 들개에 의한 가축 피해는 여러 곳에서 일어난다. 유기견 2마리가 충남 태안군 근흥면 일대를 돌아다니며 다수의 닭, 염소, 토끼를 물어 죽이는 사고가 있었다.[17] 1996년 추자도에서는 4~5마리의 들개가 떼를 지어 다니며 방목 중인 염소를 공격해 98마리가 피해를 입었다.[18] 대전에서도 들개가 토종닭 70여 마리를 물어 죽였다.[19]

제주도에서는 들개 떼에 놀란 말이 울타리에 부딪쳐 목이 부러져 죽고, 다른 농장에서는 송아지 7마리가 물려 죽었다. 그 외 염소 등 가축 수십 마리가 피해를 당했다.[20] 충북 옥천군 군서면 오동리에서는 250킬로그램이나 되는 10개월 된 소가 들개 떼에 물려 죽었다. 2017년 5월까지 그해 옥천소방서에 접수된 피해 신고만 50여 건으로 군북면 4건, 군서면 11건, 동이면 2건, 안내면 1건, 옥천읍 20건, 이원면 6건, 청산면 1건, 청성면 4건 등이었다.[21] 울산광역시, 경기도 수원에서도 들개로 인한 가축 피해가 있었다. 이러한 기사들을 볼 때 들개가 가축 피해를 일으키는 것은 분명한 사실이다.

인명피해가 생명과 관계된다면 가축 피해는 생계와 관련된다. 들개로 재산 피해를 입었다면 분명한 대책이 필요하며, 포획하거나 불가피한 경우 사살해야 한다. 그러나 포획과 사살은 피해를 일으킨 구체적인 개체에 대해서만 이루어져야 한다. 가축 피해가 있었다는 이유로 그 지역의 들개를 몰살시켜서는 안 된다. 인간과 충돌 없이 그 지역 조건에 맞게 살아가는 들개의 생명은 존중되어야 한다.

광견병 예방미끼약 살포에 대한 안내문

들개와 관련해 광견병에 대한 우려도 있다. 광견병은 집개가 광견병에 걸린 들개나 너구리 같은 동물과 접촉하면 옮을 수 있다. 사람도 이런 동물에게 물리면 광견병에 걸릴 수 있다. 광견병은 감염 시에 치료법이 없는 치명적인 병이다. 들개가 늘어나면 광견병이 확산될 가능성이 높다는 우려가 있다.

북한산에서는 지방자치단체와 서울대가 합동으로 광견병 확산을 막기 위해 예방미끼약을 살포하고 있다. 예방미끼약을 들개와 너구리가 먹도록 해서 광견병 확산을 막는 방법이다. 북한산 곳곳에는 예방미끼약을 먹거나 만지지 말라는 안내문이 있다. 효과가 있는지, 아직까지 북한산 들개로 인한 광견병 피해는 보고되지 않았다.

03 들개를 어떻게 대할 것인가

들개의 생명을 존중할 책임

인간이 사는 곳에는 다른 동물들도 산다. 아파트 단지 안에서 참새나 직박구리 같은 새를 보아도 특별히 신경 쓰지 않는다. 우리가 참새나 직박구리를 대하듯 인류의 조상은 들개를 불편해하지 않았고 오히려 거두어 길렀다. 그러나 지금 우리는 들개를 혐오하고 제거하려고만 한다. 들개처럼 인간에게 버려져 생겨난 길고양이는 여전히 호불호가 있지만 도시의 동물로 어느 정도 받아들여지고 있다. 들개도 길고양이처럼 받아들여질 여지는 없을까?

우리나라 들개는 인간에게 적개심을 보이며 달려드는 동물이 아니며 오히려 인간을 피한다. 더군다나 우리나라 들개는 딩고나 파리아개처럼 계속 세대를 이어온 것이 아니라 인간이 버렸기 때문에 생겨났다. 인간이 원인 제공을 한 만큼 책임감을 가져야 한다. 끊임없이 유기견이 발생하는 상황에서 들개를 모두 제거한다는 것은 불가능하며, 그래서도 안된다. 들개도 존중받아야 할 생명체이다. 안락사될 것이 뻔한데 포획하는 것은 절대로 구조 활동이 아니다. 생명윤리에 입각해 들개와의 관계를 현명하게 풀어가는 대안을 모색해야 한다.

잠재적 위험성은 명분이 될 수 없다

강조했듯이 인명피해 측면에서 들개는 집개보다도 안전하다. 인명사고의 가능성이 매우 낮음에도 잠재적 위험성이 있다며 포획하고 근절하려는 것은 옳지 않다. 지리산에서 성공적으로 복원이 이루어지고 있는 반달가슴곰은 친근한 이미지와 달리 무게가 150킬로그램까지 나가는 강력한 맹수이다. 인간에 대한 반달가슴곰의 공격성은 낮지만 반달가슴곰의 괴력과 부분적인 육식성을 고려할 때 인명피해의 잠재적인 가능성이 있다. 그런 우려 때문에 지리산에 복원된 반달가슴곰을 지금이라도 포획해야 할까?

우리나라 최상위 포식자 중 하나인 검독수리는 고라니를 잡아먹을 수 있는 맹금류이다. 몽골에서는 여우나 늑대를 사냥하기도 한다. 언제라도 사람을 공격할 수 있는 힘이 있고 특히 유아에게는 위협적이다. 그런 위험성이 있다고 검독수리를 절멸시켜야 할까?

2017년 4월 경기도의 어느 아파트 주차장에서 오소리가 한 여성을 공격한 사고가 있었다. 오소리는 크기에 비해 매우 억세서 웬만한 개들도 당해내지 못하는 사나운 동물이다. 그렇다고 오소리를 모두 없애야 할까? 피해를 우려해서나 몇몇 사례만으로 특정 동물 종을 근절하는 것은 다른 생명에 대한 부당한 학살이다.

들개에 대해서도 마찬가지다. 오직 객관적인 피해가 있거나 피해 개

연성이 확실할 때만 문제를 일으키는 구체적인 개체에 대해 포획과 사살이 이루어져야 한다. 그러나 현재는 들개를 일괄적으로 포획해 안락사시키고 있다.

들개 개체 수를 조절하는 방법

안락사에 대한 대안으로는 중성화 수술 후 방사가 있다. 야생화한 동물이 더 이상 증식하지 않도록 포획해 중성화 수술을 한 뒤 원래 살던 곳으로 되돌리는 방식이다. 한때 길고양이에 대한 거부감이 심했지만 생명을 존중해야 한다는 사회적 인식이 모아지면서, 현재는 중성화 수술 후 방사하는 방식이 시행되어 길고양이가 도시 생태계의 일부로 살고 있다.

들개도 안락사시키지 말고 중성화 수술로 개체 수를 조절하는 방법을 추진해야 한다. 이것이 생명을 존중하면서 들개의 수를 조절하는 방법이다. 재방사한 들개가 영역을 지키고 있으면 어미로부터 막 독립한 새끼들의 생존을 억제하고 다른 유기견이 해당 지역에 유입되어 들개가 되는 것을 막는다.

현재는 중성화 수술 후 방사 방식으로 TNR이 시행되고 있다. TNR은 Trap(포획), Neuter(중성화 수술), Return(방사)의 약자로, 정소와 난소를 제거하여 생식능력을 없애는 방식이다. 이때 TNR이 효과가 있으려면 중성화 수술이 강도 높게 시행되어야 한다. 중성화하지 않은 잔존 개체가 번식에 성공하기 때문에 50퍼센트를 중성화했다고 개체가 절반으로 줄지 않는다. 길고양이의 경우 생식능력이 있는 개체의 75퍼센트 이상을 매년 중성화해야 TNR로 개체 수를 줄일 수 있다고 한다.[22] 들개를 이처럼 강도 높게 TNR 하기는 쉽지 않다.

들개에게는 중성화 수술 후 방사 방식으로 TNR보다는 TVHR이 적절하다. TVHR은 Trap(포획)-Vasectomy(정관 절제 수술)-Hysterectomy(자궁 절제 수술)-Return(방사)의 약자로, 불임이 되지만 정소와 난소를 그대로 남겨 성호르몬은 계속 나오게 하는 방법이다. 생식을 위한 영역확보 본능이 그대로 유지되어 다른 개체의 유입을 강하게 막아 개체 수 조절 효과가 더 높다. 길고양이 사례를 보면 TVHR을 매년 35퍼센트만 시행해도 개체 수 조절 효과가 있고, 매년 57퍼센트 이상 이루어지면 군집을 완전히 사라지게 할 수 있다고 한다.[23] TNR보다 효과가 뛰어나다고 할 수 있다.

외국에서는 중성화 수술 외에 야생화된 동물의 개체 수를 조절하는 방법으로 약제를 살포하는 방법이 시도되고 있다. 미국에서는 라스베이거스, 로스앤젤레스, 세인트폴, 투손을 포함한 많은 도시에서 비둘기 살처분을 대신해 오보컨트롤OvoControl이라는 피임약을 사용해 부화율을 낮추고 있다. 포유류에 대해서도 비슷한 시도가 추진되고 있다. 미국 서부의 야생마와 당나귀의 개체 수 조절을 위해 연방토지관리국이 포획과 입양을 추진했으나 포획된 수가 3만 마리를 넘어서면서 연간 2,500만 달러가 단순히 먹이고 관리하는 데 쓰이는 감당할 수 없는 상황이 발생했다. 이에 따라 피임을 통해 개체 수를 조절하는 프로그램이 추진되고 있다. 현재 개와 고양이에 대해서도 피임약을 사용해 수술을 하지 않고 개체 수를 조절하는 방법이 개발되고 있다.[24]

코스타리카의 '테리토리오 데 자구아테스Territorio de Zaguates, 길 잃은 동물의 땅' 같은 방목형 유기동물보호소도 검토할 수 있는 대안이다. 들개는 자유롭게 살던 동물이기 때문에 갇힌 공간에서 살면 힘들어한다. 들개의 본

비둘기에게 먹이를 주지 말 것을 홍보하는 플래카드. 들개에게도 먹이를 주지 않는 것이 주어진 니치에 맞는 개체 수가 살아가게 하는 방법이다.

성을 존중하려면 들개를 수용하더라도 묶어놓지 않고 돌아다닐 수 있게 해야 한다. 산림에 울타리를 치고 들개를 방목해 보호하면 개방된 공간에서 살았던 들개에게 적합한 보호소 형태가 될 것이다. 만일 우리 사회에서 들개가 자유롭게 살도록 놔둘 수 없고 중성화 수술을 통한 개체 수를 조절하는 것도 받아들일 수 없다면, 테리토리오 데 자구아테스 같은 방목형 유기동물보호소를 설치하여 보호하는 것이 그나마 인도적인 방법이 될 것이다. 그러나 우리 사회에서 들개의 보호를 위해 방목형 동물보호소를 운영하는 것은 쉽지 않다. 방목형 유기동물보호소는 들개를 안락사시키지 않고 장기 보호하겠다는 사회적 합의와 재정 기반이 마련되어야 가능한 일이다. 과연 우리 사회가 들개의 장기 보호를 위해 지속적으로 사회적 비용을 지불할 수 있을지 의문이다. 또한 방목형 유기동물보호소의 설치를 추진하면 지역주민이 시설 입지를 반대할 가능성도 있다.

가장 현실적인 방법은 들개가 사는 서식지를 바꾸는 것이다. 북한산 들개의 경우는 음식물 쓰레기가 없으면 살 수 없다. 음식물 쓰레기가 노출되는 상황을 통제하면 들개 개체 수는 줄어들 수밖에 없다. 인위적인 포획과 안락사보다 인도적이고 자연스러운 방법이다. 레이먼드와 로나 코핑거 부부는 들개들을 죽인다고 들개 개체 수가 조절되지 않는다고 보았다. 들개는 너무나 빨리 번식해서 곧 개체 수를 회복하기 때문이다. 이들은 또 들개를 인간들이 거두어 애완견으로 키우는 것도 반대한다. 자유롭게 사는 것이 들개의 삶의 방식이기에 그냥 그대로 놔두어야 한다고 주장한다. 만일 들개의 개체 수가 너무 많아진다면 들개들이 의존해서 살아가는 음식물 쓰레기를 깨끗이 치우면 된다고 했다.[25] 사실 음식물 쓰레기가 분리수거되고 개방된 쓰레기장이 없는 우리나라에선 어렵게 획득할 수 있는 먹이 양의 한도 안에서 들개의 수가 일정하게 유지될 가능성이 높다.

04 다른 지역의 들개

북한산 외의 지역의 들개들은 주로 가축 피해와 관련해 언론의 주목을 받았다. 대전, 울산, 수원, 옥천군에서 들개로 인한 가축 피해 보도가 있었다. 가축 피해 지역의 들개는 포획 대상으로 지목되어 개체군은 해체될 수밖에 없다. 가축이 아니라 야생동물을 사냥해서 먹고 사는 들개들도 있는데, 이 경우도 생태계를 파괴하는 유해동물이라는 부정적인 시각에서 보도되었다. 사냥을 해서 사는 들개는 습지 지역에 많이 나타난다. 갈대숲에 은신하기 좋고 고라니 같은 먹잇감이 많은 까닭이다.

2008년 시화호에 나타난 들개가 고라니 30여 마리를 물어 죽이고 행인을 공포에 떨게 했다는 이유로 사살되었다. 그 후로 시화호 들개에 대한 보도는 없어 개체군이 해체된 것으로 보인다. 2018년 달성습지에 사는 들개가 고라니와 너구리 등을 잡아먹어 포획작업이 진행된다는 보도가 있었다. 이곳의 개체군도 아마 와해될 것이다. 들개에게 언론의 지목은 사형선고와 같다.

사람에 대한 피해 사례가 보도된 경우도 있었다. 들개들은 사람과의 갈등을 회피하는데, 해당 사례들은 대부분 예외적인 조건이 뒤따랐다.

2016년 12월 서울시 관악구 낙성대공원에서 산책하는 70대 할머니의 오른쪽 발목을 새끼를 데리고 있던 어미 들개가 무는 사고가 있었다. 이 경우는 어미가 새끼에 대한 위험을 느꼈기 때문에 발생한 것으로 인간을 적극적 공격 대상으로 여긴 것과는 거리가 있다. 2017년 3월 서울시 은평구 불광 1동 주택가에서 들개가 신고를 받고 출동한 경찰관 두 명의 손을 물고 달아났다.[26] 이는 들개가 먼저 다가와 공격한 것이 아니라 포획 과정에서 이차적으로 발생한 사고였다.

2019년 5월 인천대공원에서는 반려견을 공격하는 들개에 놀란 시민이 넘어져 머리와 손 부위를 다치는 사고가 있었다. 사람과 달리 집개는 들개의 공격성을 강하게 자극하는 면이 있다. 같은 공원에서 한 여성이 갑자기 나타난 들개에게 물려 가벼운 상처를 입었다는 보도도 있었다. 이렇게 언론의 주목을 받자 인천대공원과 관모산 일대에서 들개 포획 작업을 벌였고, 어미개 1마리와 새끼 7마리가 포획되었다.

실제 피해 외에 들개 출현으로 개 물림 사고가 우려된다는 보도도 상당히 많다. 서울의 관악산, 인왕산, 백련산, 불암산, 수락산 등 여러 산에서 들개가 출현했다는 보도들이 있었다. 이 중에 관악산은 들개 출현에 관한 보도가 꾸준히 있는 곳으로 서울대학교 캠퍼스 안에서 들개가 자주 목격되고 있다. 특히 공부를 마치고 늦게 귀가하는 학생들이 들개와 마주쳐 공포를 느꼈다는 경우가 많아 학생들끼리 캠퍼스 안의 들개 목격 지점을 공유하고 있다. 다행히 아직까지 큰 사고는 없다고 한다.

관악산의 들개 무리는 일시적으로 발생·소멸하는 다른 지역의 개체군과 달리 북한산이나 한라산의 군집처럼 일정 규모의 군집이 번식을 통해 지속성을 확보했을 가능성이 있다. 2007년에 이미 들개가 캠퍼스에 나타난 것이 학내 언론에 보도되었고 2008년, 2010년, 2017년에 서울대, 구청, 소방서 합동으로 대규모 포획 작업을 벌였으며 구청과 학교에서 들개 주요 출몰 지점에 상시적으로 포획 틀을 설치해 관리하고 있다. 그럼에도 2019년에만 6마리의 들개가 포획 틀에 잡혔다.[27]

산은 인간이 아닌 다른 동물의 영역이며, 우리는 그곳에 사는 생명들을 존중해야 한다. 그러나 도심의 멧돼지처럼 동물이 인간의 영역으로 내려와 충돌을 일으킨다면 그들이 내려오지 않게 조치해야 한다. 북한산에서는 멧돼지가 내려오지 않도록 출입 차단 시설을 북한산 둘레길에 설치하고 있다. 들개가 인간의 영역으로 계속 내려와 충돌한다면 이 또한 해결해야 한다.

관악산 들개에 대해서는 포획해 안락사시키는 것보다 캠퍼스 안의 서식 환경을 조절해 들개가 내려오지 않도록 해야 할 것을 제안하고자 한다. 들개가 관악 캠퍼스에 내려오는 것은 먹을 것이 있기 때문이다. 따라

북한산 둘레길의 멧돼지 차단시설. 인간과 동물이 서로의 영역에 들어가지 않도록 하는 방안들이 필요하다.

서 캠퍼스 안에 음식물 쓰레기가 노출되지 않도록 해야 한다. 또한 캠퍼스에 출현한 들개를 포획해 위치 추적 장치를 달아 방사한 후, 동선을 파악하고 이동경로에 있는 먹이원을 차단한다면 들개가 캠퍼스로 내려오는 것을 효과적으로 줄일 수 있다. 캠퍼스에서 먹이를 구할 수 없으면 들개 개체군은 위축될 것이며 인간과 충돌하는 상황도 줄어들 것이다.

내가 직접 전해들은 다른 지역의 들개 사례는 북악산에 사는 들개의 경우이다. 산행을 자주하는 친구가 북악산에 주인 없이 돌아다니는 개들이 있다고 했다. 사진에 찍힌 개의 상태는 털의 결이 좋지 않아 보였다. 친구의 말로는 피부병도 심하다고 했다. 주인 없이 사는 개는 많은 질병에 노출되고 치료를 받을 수 없다. 그 개는 주변 산에 은신해 있다가 저녁 무렵이면 내려와서 북악산에 있는 간이 휴게 공간 주변을 돌아다녔다. 친구를 보면 슬금슬금 눈치를 보며 약간 기가 죽은 모습으로 지나쳤다고 한다. 그래도 버젓이 사람 곁을 지나가는 것을 보면 경계심이 아주 높은 편은 아니었다.

북악산에 가서 보니 주변에 누군가 마련해준 먹이 자리가 있었다. 목재 데크 아래에 먹이를 주는 자리가 있었고, 사료를 보관하는 고무통도 있었다. 고무통에는 안내문이 붙어 있었는데 유기견이 돌아다니고 있으니 신고를 해달라고 적혀 있었다. 자신도 신고를 했으나 아무런 조치가 없었으며 잡혀갈 때까지만 먹이를 주기 위해 비치한 사료통이니 치우지 말아달라는 부탁도 함께였다. 주인 없이 다니는 개가 불쌍해 먹이를 주려는 것이고 빨리 잡혀서 좋은 주인을 만나기를 바라는 것으로 보였다.

그 개가 유기견인지 아니면 들개의 새끼가 자란 것인지는 알 수 없다. 다만 자신의 영역을 구축하고 사람에 대한 종속 없이 사는 점에서 들

북악산에서 주인 없이 돌아다니던 개.
상태가 좋지 않았고 피부병이 있었다고 한다.

북악산 개를 위해 누군가 마련해준 먹이 자리.
이런 곳을 한 곳만 확보해도 개는 주인 없이 들개의 삶을 살 수 있다.

개라고 볼 수 있다. 북악산 개처럼 먹이 자리를 하나만 확보할 수 있다면 들개는 산속에서 살아갈 수 있다. 결국 2019년 6월경 포획반이 잡아서 데리고 갔다고 한다. 그 개는 어떻게 되었을까? 먹이를 주었던 사람의 바람처럼 좋은 주인을 만났기를 바란다. 또한 유기견이든 들개든 포획한 후 안락사시키지 않는 방안이 마련되기를 바란다.

북악산 개가 나타났다 사라졌듯이 인천, 수원, 옥천 등 수많은 지역에서 주인 없는 개들이 끊임없이 나타났다 사라진다. 인간이 개를 키우고 버리는 한 들개는 계속 생겨날 것이다. 잡아서 없앤다고 사라지지 않을 들개를 어떻게 할 것인지에 대한 현명한 방안 마련이 시급하다.

05 한라산 들개는 딩고일 수 없나

생태계 조절자, 한라산 들개

들개에 대한 보도가 간헐적인 지역과 달리 한라산 들개의 존재는 지속적으로 언급되어 왔다. 한라산 들개는 워낙 이동성이 강해서 정확한 개체 수가 파악되지 않는다. 최근 관찰에서는 백록담 안에서 2~3개체, 물장올, 논고악, 백록담과 주변 선작지왓 인근에서 4~5개체가 집단을 이루어 다니는 것이 목격되었다. 들개는 노루 새끼가 태어나는 6월과 적설기인 12월에서 2월 사이에 가장 활발히 활동하는데, 들개 배설물 대부분에서 어린 노루의 털과 뼈가 발견된다.[28] 들개가 노루의 천적으로 살아가고 있는 것이다.

이처럼 한라산은 북한산과 더불어 상당 규모의 들개 군집이 형성된 곳이다. 끊임없이 유기견이 생기지만 특정 조건을 갖춘 곳에서만 지속성 있는 들개 군집이 형성된다. 한라산 들개 무리가 정착할 수 있었던 것은 이곳이 순상화산楯狀火山 지형이기 때문이다. 한라산은 용암이 넓고 얇게 퍼져서 완만한 순상화산 지형이 대부분이며 백록담이 있는 중앙부만 가

제주도는 우리나라에서 드물게 초지와 평지림이 발달해 있다.

파르고 높게 솟아오른 종상화산鐘狀火山 지형이다. 순상화산 지역에는 넓은 초지와 완만한 오름이 많아 노루가 살기 좋다. 먹이인 풀도 많고 뛰어다니기도 좋다. 우리나라 산들이 대부분 경사가 가파르지만 제주도에는 평지림이 발달해 노루가 이동하기 편하고 은신하기에도 좋다.

그런데 순상화산 지역은 들개가 살기에도 최적의 조건이다. 먹이가 되는 우제류가 많고 개과동물이 사냥하기 좋은 완만한 지형이기 때문이다. 경사가 심한 곳은 사람처럼 개들도 달리기 힘들다. 사실 대형 포식동물은 완만한 경사지나 평지에 많이 산다. 깊은 산속에 살 거라고 생각되는 호랑이도 실제로는 산과 인접한 초지에 많이 산다. 산에서 은신하면서 초지로 나와 동물들을 사냥한다. 늑대나 들개도 그렇다. 한라산 들개는 평지림과 초지를 오가면서 은신과 먹이 활동을 하며 살고 있다.

2011년 한라산에는 2만 마리가 넘는 노루가 살았으며 제주도 전역에서 농작물 피해가 발생했다. 이에 노루를 한시적 유해 야생동물로 지정해 포획하는 조례가 가결되었고, 2013년 7월 1일부터 2016년 6월 30일까지 3년간 5천 마리가 넘는 노루가 포획되었다. 제주도 세계유산본부 한라산연구부의 조사에 따르면 2016년 말 기준으로 약 7,600마리가 서식하고 있었다. 이는 적정 개체 수인 6,110마리보다 1천여 마리가 많았다.[29]

노루에 의한 농작물 피해는 1990년 초부터 발생했는데, 지금도 지속적으로 발생하고 있다. 이에 한시적 유해동물 지정을 2019년 6월 30일까지 연장해 포획했다. 이러한 노루를 들개가 잡아먹는 것이 왜 우려의 대상인지 의문이다. 늑대가 노루를 잡아먹으면 생태계 조절이고 들개가 잡아먹으면 생태계 파괴인가. 사냥꾼이 노루를 잡으면 해수 구제이고 들개가 잡으면 보호할 동물을 유해동물이 살육하는 것으로 평가하는 것은 불공정하다.

한라산 들개는 생태계의 한 부분으로 포식자 역할을 훌륭히 해내고 있다. 원래 가축이었다는 이유만으로 폄하하고 제거해서는 안 된다. 한라산 들개가 노루를 포식하는 것도 먹이사슬의 하나로 존중되어야 한다. 들개 출현은 노루 개체 수의 증가와 연관이 있다. 과거에는 노루 개체 수가 적어 보호정책이 시행되었다. 이러한 보호 속에 노루 개체 수가 늘자 다시 유해동물이 되었다. 들개 개체 수도 그들이 사냥할 노루가 늘면서 증가했다. 들개는 노루의 지나친 증식을 억제하는 조절자 역할을 하고 있다. 그리고 병들고 약한 개체를 우선 도태시켜 노루 개체군을 건강하게 유지하는 데 도움을 준다.

노루의 인위적 포획을 노루와 들개 간의 먹이사슬로 해결하는 방법에 대한 연구가 필요하다. 인위적 포획은 노루가 사는 생태적 지위에 맞게 적정 개체 수를 남기지 않고 과잉 포획할 여지가 있다. 포획이 계속되면서 노루 개체 수가 2018년에는 3,800마리까지 줄어 적정 개체 수 6,110마리보다 훨씬 적은 개체가 남았다. 2013년부터 2018년까지 10년 동안 7,000여 마리가 포획된 데다 로드킬로 2,400마리가 줄어든 결과이다. 결국 제주도는 2019년 7월부터 노루를 유해 야생동물에서 제외하고 포획을 금지했다.[30]

이와 같은 인위적인 포획과 금지로 노루의 개체 수를 요동치게 하지 말고 들개와의 관계 속에서 해당 서식지의 먹이자원과 천적에 맞는 개체 수를 유지하게 하는 것이 합리적이다. 인위적 포획을 자연의 먹이사슬로 대체하는 것이다. 또 다른 문제인 로드킬을 막을 수 있는 시설을 설치하고 피해 농가에 대한 노루 피해 예방시설과 피해 보상금을 지원하는 방안도 추진되어야 한다.

현재 한라산에는 노루 말고도 붉은사슴, 대만시카사슴, 일본시카사슴, 흑염소, 말과 같은 초식동물이 살고 있어 생태계 교란이 우려되고 있다.[31] 들개는 이들의 어린 개체에 대해 훌륭한 포식 활동을 할 수 있다.

프레이저섬의
딩고

호주의 프레이저섬에 사는 딩고는 육지와 고립된 지역 조건으로 다른 품종의 개들과 잡종화되지 않은 순수 혈통의 딩고로 보호받고 있다. 호주인들이 프레이저섬의 딩고를 대하는 모습은 우리 사회가 참고할 점이 많다. 프레이저섬의 면적은 1,840제곱킬로미터로 1,849제곱킬로미터인 제주도 면적과 비슷하다. 아름다운 관광지로 유명한 프레이저섬에 사는 딩고는 볼거리 중의 하나로 이 섬의 마스코트와 같은 존재이다. 또한 딩고는 초식동물과 외래동물을 억제하는 포식자로 보호받고 있다.

프레이저섬의 딩고는 100~200마리로 19개 정도의 무리가 있다. 한 무리에서 한 마리의 암컷만 새끼를 낳는데, 한배에 약 4.5마리의 새끼를 키운다. 매년 80~90마리의 새끼가 태어나며 같은 수의 딩고가 죽는다. 태어난 새끼의 약 30퍼센트만이 성견이 된다. 딩고를 호의적으로 보호하고 있지만 이곳에서도 인간과 충돌을 일으키는 개체는 포획되어 안락사된다. 2001년부터 2013년 사이에 110마리의 딩고가 안락사되었다.[32] 인간과 딩고의 평화로운 공존을 지향하지만 문제를 일으키는 개체는 선택적으로 포획하고 있다.

프레이저섬과 달리 호주의 많은 지역에서 딩고는 유해동물로 사냥되었다. 딩고는 가축을 해쳐서 약 4천만~6천만 달러의 피해(한화 285억

프레이저섬 해변을 유유히 걷고 있는 딩고.
딩고는 이 섬의 마스코트 같은 존재이다.

~488억 원)를 매년 일으킨다.[33] 때문에 딩고를 제거해야 한다는 여론이 특히 목축업자를 중심으로 늘 제기되어왔다. 이에 딩고는 총, 덫, 독극물로 제거되어 많은 지역에서 딩고의 밀도가 눈에 띄게 낮아졌다. 그러나 딩고가 줄어들면서 다른 문제가 발생했다. 호주 생태계에서 유일한 대형 육상 포식자인 딩고가 사라지면서 캥거루 같은 초식동물의 수를 적절한 수준으로 유지하기 어려워졌고 여우, 길고양이, 토끼, 염소와 같은 외래동물이 증가했다. 초식동물과 외래동물이 늘어나면서 생태계 균형이 깨지고 토양 침식과 초지식물의 훼손이 심각해져 양이나 소를 키우는 목축업자에게 불리한 상황이 벌어지고 있다. 딩고는 상위 포식자로 생태계 균형을 유지하는 중요한 역할을 해왔던 것이다.

이러한 상황에서 딩고와 평화롭게 공존하면서 인간과의 충돌을 줄이는 방법에 대한 논의가 활발히 이루어지고 있다. 먼저 가축 피해를 막기 위해 경비견으로 가축을 지키는 방법이 주목받고 있다.[34] 가축에 대한 딩고의 공격을 방어하는 데 동족인 개가 가장 효과적인 것으로 나타났다. 이견제견以犬制犬인 것이다. 이와 더불어 딩고에게 먹이를 주지 말자고 홍보하고 있다. 딩고에게 먹이를 주면 포식자의 역할을 하지 않으며, 적정한 수 이상으로 지나치게 개체가 늘어나 인간과의 충돌 가능성이 높아진다. 또 음식을 얻어먹기 위해 인간에게 접근하면서 불상사가 생길 우려가 있다. 대부분의 야생동물이 그렇듯 딩고도 인간과 일정한 거리를 유지할 때 긍정적인 관계를 이어갈 수 있다.

캠핑장에서 음식물 쓰레기를 잘 치우고 쓰레기장에 딩고의 접근을 막는 시설도 설치되고 있다. 역시 딩고의 개체 수 이상 증가와 인간에게 접근하는 것을 막기 위한 조치다. 딩고가 적정 개체 수를 유지해야 포획이나 사살의 필요성을 줄일 수 있다. 먹이를 주는 것은 딩고를 살리는 것이 아니라 더 많은 딩고를 죽게 하는 행위이다. 또한 딩고와 출동을 막는 방법에 대한 교육도 논의되고 있다. 딩고가 사는 지역의 주민이 딩고의 행동 방식과, 그들과 공존하는 방법을 안다면 충돌 가능성을 낮출 수 있다. 교육은 가장 중요한 해결 도구이다.[35]

한라산 들개와의 공존

한라산 들개는 프레이저섬의 딩고와 유사하다. 딩고가 원래 호주에 살던 태즈메이니아 늑대를 대신해 포식자로 자리 잡았듯이 한라산 들개도 우리나라에서 사라진 늑대를 대신해 포식자로 자리 잡은 것이다. 프레이저섬 사람들이 딩고를 대하듯 한라산 들개를 대하면 어떨까. 한라산 들개도 프레이저섬의 딩고처럼 야생동물로 자유롭게 살게 하고 인간과의 공존을 최대한 모색하면서 가축 피해를 일으키는 개체에 대해서만 선택 포획하는 것이 적절한 방법이다.

한라산 들개 군집에서 지속적으로 자연선택이 이루어지면 프레이저섬의 딩고가 토착견의 원형적 모습을 갖췄듯이 우리나라 개의 원형적 모습을 갖춘 혈통이 형성될 것이다. 우리나라의 겨울 날씨를 견딜 수 있는 이중모가 발달하고 날렵한 몸매에 생김새는 토종개인 중형견이 될 가능성이 높다. 실제로 한라산 들개도 북한산 들개처럼 외형이 중형 토종개인 경우가 많다. 한라산 들개를 한국의 딩고로 살게 한다면 다른 나라에서 개체를 들여와 반달곰이나 여우를 복원하는 것만큼이나 의미 있는 과정이 될 수 있다. 프레이저섬의 딩고처럼 격리된 제주도의 조건에서 우리나라 들개의 원형적인 혈통을 이룰 수 있다.

아직까지 한라산 들개가 사람을 해쳤다는 보고는 없다. 한라산 들개는 해발 200~600미터 중산간 지대에 살아 사람과 마주칠 가능성이 낮다. 지정된 등산로를 이용한다면 인간과 들개가 만날 가능성이 거의 없어 인명피해의 여지가 적다. 가축 피해에 대해서는 호주처럼 가축을 보호하는 시설을 만드는 것이 그 방안이 될 것이다.

한라산 들개의 접근을 막는 또 다른 방법은 경비견을 키우는 것이다. 딩고의 접근을 막기 위해 호주에서 주목받는 이 방법은 아프리카 나미비아에서 크게 성공했다. 나미비아에는 전 세계 치타의 4분의 1이 산다. 치타는 세계적으로 개체 수가 적은 희귀종이지만, 나미비아의 농장주는 양과 염소를 공격하는 치타 때문에 큰 경제적 손실을 입어 총과 덫으로 포획하려 했다. 그러나 치타는 매우 민첩하고 이동 영역이 넓기 때문에 가축 피해가 계속 발생했다. 이에 나미비아 치타보전기금Cheetah Conservation Fund의 로리 마커Laurie Marker가 가축을 지키는 개로 터키의 국견인 '캉갈Kangal'을 들여올 것을 제안했다. 캉갈은 덩치가 크고 대담하면서도 인간과 친화적인 견종으로 치타와 직접 충돌 없이 큰 소리로 짖어 치타가 가축에게 접근하지 못하게 하는 능력이 있다. 1994년부터 450마리의 캉갈을 들여와 농장주에게 보냈는데 가축 피해가 80퍼센트 이상 감소했다. 캉갈이 가축을 지키면서 치타의 멸종을 막는 역할을 하고 있는 것이다. 나미비아의 성공 사례가 알려지면서 다른 아프리카 국가도 가축 보호견 프로그램을 도입 중에 있다. 이처럼 한라산의 들개를 막을 수 있는 적정한 경비견종을 농장에 비치하는 것이 좋은 방안이 될 수 있다.

개는 다른 동물이 자신의 영역으로 접근하는 것을 용납하지 않는다.[36] 독박골의 동네개가 멧돼지가 내려오는 것을 막듯이 경비견을 키운다면 들개로 인한 가축 피해를 막을 수 있다. 그 외에 가축 피해를 막는 다양한 방안들이 개발되어 한라산 들개와의 충돌을 막아야 한다.

더 이상의 유입을 막자

한라산 들개와의 공존을 위해서 더 이상 집개가 들개로 유입되는 것을 막아야 한다. 제주도에도 많은 유기견이 발생하고 있으며 계속 증가하고 있다. 제주도의 유기동물보호소에 들어온 유기견 수는 2012년 1,230마리에서 2017년 5,300마리, 2018년 11월까지 6,600마리로 크게 증가하고 있다. 버려진 유기견 중 일부는 들개로 유입된다. 들개의 수가 계속 늘면 인간과의 충돌은 불가피하다.

개를 버리는 행위 외에 개를 방치 상태로 키우는 것도 금지해야 한다. 제주도에는 개를 풀어서 키우는 경우가 많은데 이렇게 키운 개들이 점점 주인으로부터 독립해 들개처럼 살고 있다. 제주특별자치도 세계유산본부에서는 들개의 행동 특성을 파악하기 위해 한라산국립공원과 주변 지역에서 배회하는 개 5마리를 포획해 위치추적기를 부착했다. 그런데 포획된 개 모두 들개가 아니라 한라산국립공원 인가에서 키우는 집개로 확인되는 엉뚱한 결과가 나왔다.

이 인가들을 방문해 확인한 결과 중산간 지역에서는 대부분의 개들을 목테를 하지 않은 상태로 기르는 것으로 나타났다. 포획된 개의 주인 중 한 명은 이 개들은 먹이를 줄 때만 나타나고 그 외에는 주변을 배회하며 노루 등 야생동물을 잡아먹는 것 같다고 말했다. 그리고 어느 순간부터 주인이 가까이 접근하면 도주할 정도로 야생화되었다고 한다.

제주도 동부 지역에서는 노루 때문에 더덕 농사를 지을 수 없게 되자 농부들이 더덕 밭에 개를 풀어놓고 노루를 쫓아내게 했다. 처음에는 경작지 주변에 머물던 개들이 노루 등의 야생동물을 사냥하게 되면서 점점 행동반경을 넓혀 야생화되었다. 위치추적기로 밝혀진 야생화된 집개의 일주일간의 이동 면적은 252.5헥타르로 여의도 면적(290헥타르)에 맞먹는다. 500미터 내외의 거리에서 사는 일반적인 동네개들의 이동 면적과 현저히 차이나는 것으로 야생화된 집개들이 포식자 딩고처럼 넓은 거리를 이동하며 살고 있는 것이다.[37]

개는 집개, 동네개, 야생개 등 다양하고 복잡한 생활상을 보인다. 마사이족의 들개처럼 스스로 인간의 집으로 들어와 충직한 집개가 되기도 하지만, 집개이면서 주인과 거리를 두고 사는 것도 개가 살아가는 모습 중 하나이다. 썰매개 중에는 주인과 거리를 두려는 개들이 종종 있다. 주인을 따르지 않지만 그럼에도 썰매를 끄는 일은 훌륭히 해낸다고 한다. 에티오피아와 터키에서는 분명 집에서 사는데 사람과 떨어져 있으려 하고 가축과 사는 개들을 볼 수 있다. 이들은 심리적인 연대를 사람이 아니라 가축과 이루고 있다. 각인이 이루어지는 출생 후의 중요한 시기를 사람이 아닌 다른 가축과 보낸 뒤에도 닭, 돼지, 염소나 양처럼 그들이 같이 지낸 동물과 함께 다니려고 한다. 비록 사람에게 먹이를 얻어먹더라도 주인과 심리적으로 연대하지 않는 것이다.[38]

한라산에서 들개처럼 사는 집개는 평소 주인과의 교감이 부족하고 의존도가 낮아지면서 발생한다. 개는 인간이 필요 없어지면 주인과의 연대를 지워가는 경향이 있다. 엘리자베스 마셜 토머스가 『개들의 숨겨진 삶』에서 표현했듯 주인과의 종속관계를 지워가는 개들의 성향이 한라산의 개들에게도 나타난 것이다. 들개가 아닌 집개가 산림을 돌아다니며 포식 활동을 하는 것을 방치해서는 안 된다. 주인에게서 안정적으로 먹이를 얻으면서 포식 활동을 한다면 그런 집개의 생존율은 들개에 비해 눈에 띄게 높다. 따라서 생태계에 대한 포식 활동의 영향이 지나치게 커질 수 있다. 또한 그들이 완전히 들개가 되거나 야생에서 번식 활동을 해서 들개 개체군을 지나치게 늘릴 수 있다. 한라산 들개 군집은 추가적인 개체의 유입 없이 한라산 생태적 지위에 맞는 적정 개체 수를 유지해야 한다. 집개를 풀어 방치 상태로 키우는 행위를 중단해야 한다. 집개를 키운다면 집개답게 주인과 교감하고 의존하며 살게 해야 한다.

06 하나의 생물종, 들개

생명종으로서의 지위 인정

들개는 인위적인 교배를 하지 않고 자연교배하기 때문에 세대를 거듭하면 딩고나 인도 파리아개처럼 개의 원형적인 모습에 가까워진다. 개라는 종의 특성이 제대로 발현된 군집이 형성되는 것이다. 또 들개는 집개와 달리 인간과의 교감보다는 들개 사이의 유대를 중심으로 행동한다. 따라서 들개는 개라는 종의 원형적인 행동 방식을 보여준다.

원래 가축이었다는 편견에서 벗어나 생명종生命種으로서 들개의 지위를 인정해야 한다. 만일 북한산이나 한라산에 늑대가 살고 있다면 지금처럼 제거하려고만 했을까? 아마도 인간과 늑대가 공존하는 방법을 좀 더 찾으려고 했을 것이다. 중국의 길림성에서는 호랑이가 되돌아와 가축 피해가 발생하고 있지만 그렇다고 호랑이를 절멸시키지 않는다.

들개가 지리산 반달가슴곰이나 소백산의 여우처럼 북한산이나 한라산을 상징하는 동물이 될 수는 없을까. 프레이저섬의 딩고나 일본 아오시마섬의 고양이처럼 들개가 해당 지역을 대표하는 명물이 될 여지는 없을까. 우리나라 들개는 연구 가치가 있다. 다른 나라의 들개가 인도 파리아 개와 같은 동네개의 길을 갔다면 우리나라 들개는 산에 사는 야생개의 길을 간 특이한 경우이다. 충분히 연구할 만한 가치가 있으며 제거해야 할 대상으로만 생각해서는 안 된다. 가축이 야생화된 경우라 해도 생태적 지위를 인정받기도 한다. 최근 게놈을 비교한 연구에 따르면 야생마라고 알려진 몽골의 프셰발스키Przewalski' horse는 사실은 약 5,500년 전 카자흐스탄 북부 보타이인들이 기르던 말이 야생화된 것이다. 가축이 야생화된 경우이지만 프셰발스키는 멸종위기종으로 분류되어 번식과 자연방사 등으로 개체 수를 회복하려는 노력이 이루어지고 있다.[39]

들개를 하나의 생명종으로 인정한다면 기본적으로 인간은 그들에 대한 간섭을 최소화해야 한다. 개체 수의 인위적인 조절을 되도록 하지 말아야 한다. 들개 피해가 우려된다는 이유만으로 총으로 사냥하거나 포획해서 안락사를 시켜서는 안 된다. 불쌍하다고 먹이를 주는 행동도 해서는 안 된다. 야생동물에게 먹이를 주는 행동은 고유한 습성을 잃게 하고 자칫 인명 사고로 이어질 수 있다. 들개 개체 수가 인위적으로 늘어나지 않도록 유기견이나 야생화된 집개가 생기는 일도 막아야 한다. 다른 동물을 사냥하든 음식물 쓰레기를 먹든 그 지역의 생태적 지위에서 들개가 적정 개체 수를 유지하며 인간에게 피해를 주지 않고 산다면, 다른 야생동물과 마찬가지로 하나의 생명종으로서 지위를 존중해야 한다.

인위적 조치가
필요한 경우

일반적으로 생명종은 그대로 인정하고 간섭하지 않아야 하지만, 인간과 상호작용을 하는 생명종은 불가피하게 인위적 조치가 필요하기도 하다. 들개에 대한 인위적 조치는 일으킨 피해가 구체적으로 확정된 개체에만 행해져야 한다. 우리나라에서 실제 발생한 것은 인명피해가 아니라 가축 피해이다. 사실 구제역과 조류독감이 창궐하는 축산 현실에서 들개에 의한 가축 피해는 아주 미미하다. 그러나 들개가 특정 지역에서 집중적으로 가축을 죽인다면 해당 사육주에게는 심각한 경제적 타격이 된다. 들개에 의한 가축 피해 중에서 중요한 문제는 슈퍼킬super kill이다. 들개는 필요 이상으로 많은 닭과 염소 등을 한꺼번에 죽인다. 슈퍼킬은 많은 포식동물에게 발생하는 현상으로 당사자인 농민은 엄청난 피해를 입는다. 이러한 경우에는 적절한 기준을 정하고 그에 따라 불가피하게 포획해야 한다. 들개에 의한 가축 피해를 막는 방법도 연구되어야 한다. 울타리, 경보장치, 전깃줄과 같이 들개 피해를 막는 시설 설치, 경비견을 두어 접근을 막는 방법 등 효과적인 방안을 연구해 적용해야 한다.

들개 개체가 지나치게 늘어나 다른 동물의 군집이 위축된다는 우려도 있다. 그러나 가시박이 식물 생태계를 파괴하거나 배스나 블루길이 수중 생태계를 파괴하는 것처럼 들개가 기존 동물들을 싹쓸이한다고 조사된 적이 없다. 북한산 들개는 음식물 쓰레기에 특화된 먹이 활동을 하여 다른 동물과 중복되지 않는 서식지에서 산다. 한라산 들개는 노루 개체 수의 조절자 역할을 한다. 생태계를 교란시킨다는 확증은 어디에도 없다. 생태계 보존을 위해서 들개의 개체 수를 조절해야 한다면 분명한 과학적 근거가 있어야 한다. 그리고 개체 수 조절 방법도 사살이나 안락사가 아니라 먹이 공급 근절을 통한 서식지의 조절, 중성화 수술이나 방목형 유기동물보호소에서 장기 보호 등의 생명을 존중하는 방식이어야 한다.

07 들개에 대한 토론

들개 관련 회의 참가

들개에 대한 나의 견해를 정리한 뒤 관련 회의에 참여할 기회가 있었다. 동물권단체 회의에 한 번 참석했고, 공공기관 회의에는 두 번 참석했다. 들개를 하나의 생물 종으로 인정하고 다른 동물에게 그러하듯이 인위적인 간섭을 하지 말자는 내 의견에 대해 양쪽 모두에서 의문을 제기했다.

동물권단체는 들개에게 먹이를 주어서는 안 된다는 내 입장이 불쌍한 동물을 도와주려는 인간의 본성에 배치된다고 했다. 그리고 들개는 부정확한 개념이며 '야생화된 유기견'이 맞다고 했다. 스스로 사냥해서 먹이를 취하지 않고 사람의 음식물을 먹으니 들개가 아니라는 것이다. 따라서 이들은 돌보아야 할 대상이므로 먹이를 주는 것이 불가피하다고 보았다.

하지만 한라산에서처럼 스스로 사냥하는 들개가 분명 있다. 그리고 북한산 들개가 탐색하여 음식물 쓰레기를 먹는 것도 거저 주어지는 것이 아니라 엄연히 스스로 먹이를 찾는 활동이다.

다만 유기견이 되었으나 들개처럼 독자적인 영역과 생활방식을 확보하지 못하고 거주지 주변에 머무는 '야생화된 유기견'이 있을 수는 있다. 정확히 말하면 야생화되었다기보다 '버려진 후 사람 주변에 서성이는'이란 표현이 맞다. 사실 들개보다는 이제 막 버려진 유기견이 사람을 두려워하지 않아 더 위험하다. 그러한 유기견은 인간과의 접촉에 익숙하고, 덩치와 달리 인간이 상당히 허약한 동물이란 것을 잘 알기 때문이다.

2021년 남양주에서 산책 중이던 50대 여성이 대형견에게 물려 사망한 사건이 발생했을 때도 처음엔 들개가 일으킨 것으로 추정되었지만 인근 불법 개농장에서 탈출한 유기견에 의한 사고로 밝혀졌다. 이런 유기견의 개 물림 사고에 대해서도 대책이 필요하다.

토론에서 나는 들개에게 먹이를 주면 개체 수가 늘어나고, 먹이를 먹기 위해 접근하는 과정에서 사고가 일어날 수 있으니 먹이를 주지 말 것을 권했다. 만일 먹이를 주려 한다면 독박골 사례처럼 중성화 수술을 하여 번식을 막고, 사람들과의 충돌을 막는 확실한 돌봄을 해야 한다고 말했다.

동물권단체 내에도 들개에 대해 다른 입장이 있었다. 하나는 들개는 유기견이고 사회화 교육을 통해 입양하여 충분히 사람과 잘 지내게 할 수 있다는 견해였다. 다른 하나는 어린 개는 포획해서 입양을 보내되, 인간에 대한 각인 시기를 놓친 4개월 이상의 들개는 교육이 어렵고 사람과 같이 있는 것을 힘들어하므로 중성화 수술 후 방사해야 한다는 견해였다. 나는 물론 후자의 의견에 마음이 쏠렸다.

해당 회의에서 들개에게 임의적 밥 주기를 금지하고 포획거점을 정해 그곳에서만 밥을 주고, 은신처를 제공하여 영역 확대를 막는 한편, 중성화 수술로 개체 증식을 제한하는 시범사업에 대한 제안이 있었다. 독박골 동네개 사례를 산지 내에 적용한 형태로 시범 실시하여 결과를 추적할 만한 흥미있는 제안이었다.

공공기관 중 한 곳은 습지공원을 관리하고, 다른 한 곳은 산지공원을 관리하는 곳이었다. 두 곳 모두 들개가 생각만큼 위험하지 않다는 내 말에 어느 정도 수긍하는 듯했지만, 방문객이 공포를 느끼는 것은 중요한 문제라고 반론했다. 그리고 성인 남성과 달리 여성이나 어린이는 더 큰 공포를 느낄 것이라 했다. 무시할 수 없는 문제였다.

방문객의 공포를 덜기 위해 공원 측에서 가장 먼저 떠올린 방법은 포획이었다. 그러나 포획을 시행하기 어려운 상황이었다. 두 공원 모두 포획틀을 설치했지만 경계심이 강한 들개들이 잡히지 않았다. 산지공원에서는 길고양이가 대신 잡혀 캣맘들이 동물 학대라고 항의하여 결국 포획틀을 철거했다.

다른 방법은 마취총이 있다. 그러나 2018년 월드컵공원의 유기견 포획 과정에서 유기견이 마취총에 맞아 쇼크사한 사고로 많은 비판이 있었고 그 후 사용이 중단된 상태이다.

포획이 어렵기도 하지만 이것으로 문제를 해결할 수도 없다. 1년에 10만 마리 이상의 유기견이 생기고 들개가 살 수 있는 서식 조건이 있는 한, 모든 들개를 다 포획해도 그 자리는 다른 들개로 채워질 것이기 때문이다.

들개는 늘 존재해 왔다. 과거에도 있었고 미래에도 존재할 것이다. 들개는 어디든 존재한다. 우리나라에도 있고 모든 나라에 다 있다. 그리고 나름의 방식으로 각 나라에 인간과 들개가 같이 살고 있다. 문제는 우리나라의 조건과 정서에서 들개와 어떻게 지낼 것인가이다.

생태적 거리의 확보

회의에서 나는 포획이 해결책이 되지 못한다면 생태적 거리를 두는 것이 방안이라고 제안했다. 모든 동물은 서로 관여하지 않고 거리를 둘 때 관계가 가장 원만하다. 따라서 인간은 들개에게 다가가지 않고, 들개도 인간에게 다가오지 않도록 하는 방안을 찾자고 했다. 두 공원 관리기관에도 그런 관점에서 방안을 제기했다.

먼저, 인간이 들개에게 다가가지 않는 방안으로 갑자기 들개를 만났을 때 주의사항을 현수막으로 제작하여 방문객이 볼 수 있게 걸라고 제안했다. 그 내용은 정해진 탐방로로 다니고, 들개를 만났을 때 다가가거나 만지려 하지 말며, 눈을 똑바로 보면 들개가 도전으로 받아들이니 그 역시 하지 말고, 먹이로 관심을 끌려 하지 말라 것 등이었다. 현수막을 걸면 방문객이 혹여 들개를 만나더라도 당황하지 않게 마음의 준비를 하게 되고, 들개에게 가까이 가지 않게 해서 사고를 막을 수 있다. 두 기관 모두 이 제안에 대해 긍정적으로 받아들였다.

또 다른 방안으로, 들개가 인간에게 다가오지 않게 하려면 음식물 쓰레기 노출을 막을 것을 제안했다. 물론 그렇게 하려면 들개 출현 지역의 사찰이나 음식점과 같은 산지 주변에서 음식물이 나올 수 있는 곳에 안내문을 나누어주고 주민들에게도 협조를 요청해야 한다. 사람이 사는 곳에 와도 먹을 것이 없으면 들개는 결국엔 오지 않게 된다.

이처럼 구체적으로 방안을 적용하려니 개별 장소의 특수성을 살펴야 했다. 산지공원 측에 들개가 나오는 구역에 먹이원이 있는지 조사하도록 제안했다. 예를 들면 들개에게 밥을 주는 사람이 있는지, 음식물 쓰레기를 무단으로 투기하는 사람이 있는지 살펴야 했다.

여러 정황을 논의해보니 들개의 먹이가 캣맘이 주는 길고양이 밥으로 추정되었다. 길고양이 먹으라고 놓아둔 사료를 들개가 빼앗아 먹고 있는 상황으로 보였다. 그렇다면 길고양이 밥을 줄이는 것에 대해 캣맘과의 협의가 필요했다. 쉽지 않은 과정이 예상되었다.

산지공원의 개들은 북한산 들개와 달리 덩치가 작은 발바리 종류였다. 그런데도 이들이 나타난 이후, 공원에 사는 길고양이가 많이 줄었다고 한다. 길고양이들이 두려워서 개들이 나타나는 영역을 회피하는 것이 아닐까 하는 의견도 있었다. 독박골에 길고양이가 없었던 것과 같은 경우이다. 다만 공원에서 길고양이 중성화 수술을 많이 하여 그 효과일 수 있다는 의견도 있어 결론을 내리지는 못했다.

습지공원은 음식물 반입이 제한되기 때문에 음식물 쓰레기 노출 문제는 없었다. 이곳은 들개가 습지에 사는 고라니를 사냥하는 게 문제였다. 들개가 고라니를 먹을 때도 있지만 그냥 죽이기도 했다. 들개는 외부에 살면서 순회 경로 중 하나로 공원을 들르는 듯했다. 그 과정에서 탐방객과 만나게 되어 민원이 제기되고 있었다.

나는 공원 개장 전에 인기척을 확실히 느낄 수 있게 해서 들개가 나가게 하라고 조언했다. 공원에서는 낙엽을 송풍기구로 불어서 덱 로드 밖으로 치우는 작업을 하는데 그와 같은 작업을 개장 전에 해서 들개에게 인기척을 확실히 느끼게 하라고 했다. 그 공원의 들개 중 한 마리를 나도 이른 아침에 만난 적이 있는데 가까이 가자 공원 외곽으로 달아났다. 다른 들개처럼 사람을 두려워하는 개체였다.

습지공원 측에는 들개를 포획하면 위치추적기를 달아 이동 경로를 파악해볼 것을 제안했다. 어떤 곳을 통해 공원을 드나드는지 알면 그곳을 침입 방지망으로 막으면 효과가 있기 때문이다.

마당개
중성화 사업

들개 문제를 줄이려면 인간과의 접촉을 줄이는 방법 이외에 유기견 발생을 막아야 한다. 유기견 발생을 막는 방안 전반에 대해서는 이후에 다루기로 한다. 먼저, 유기견 중에서도 특히 들개가 많이 되는 마당개 중성화 사업에 관해 동물권단체 회의에서 토론이 있었다.

마당개란 풀어서 키우거나 마당에서 키우는 실외 사육견을 말한다. 마당개는 주로 지방에 많이 키우며, 돌아다니는 다른 개와 교배하여 번식 통제가 어려워 과잉 번식한다. 마당개는 대부분 중대형 믹스견으로, 소형 품종견을 선호하는 지금의 상황에서는 입양이 잘 안 된다. 지나치게 늘어난 새끼는 방치 사육되어 유기되고 들개가 된다. 외래종에 비해 우리나라 자연환경에서 생존력이 강한 토종견이 대부분인 마당개는 들개가 되는 핵심 후보군이다.

키우거나 입양할 수 있는 개체 이상으로 번식하는 것은 동물 유기의 중요한 원인이란 점에서 모든 개에 대해 중성화 수술이 보편 시행되어야 한다. 그런데 마당개는 들개가 되는 주요 군집이란 점에서 어떤 개들보다 중성화 수술이 가장 시급하다.

이러한 마당개에 대해 동물권단체 토론회 자리에서 정부 측 담당자가 중성화 사업을 추진할 계획이라고 발표했다. 정말 다행스러운 일이다. 그러나 현재 추진계획이 얼마나 효과를 거둘지는 여전히 의문이다. 정부

계획은 중성화 사업을 지방자치단체에서 하되 전체 예산의 70퍼센트를 지자체에서, 10퍼센트는 견주가, 나머지 20퍼센트를 정부가 지원하는 방식이다. 지자체가 그 정도의 지원에 매력을 느껴 적극적으로 사업 내용을 인지하고 수행할지는 여전히 미지수다. 견주들에 대한 홍보도 필요하다. 마당개는 대부분 지방에서 키우는 데다 견주들이 대부분 노령층이고 중성화 수술에 대한 인식이 부족한 읍 · 면 지역의 특성상 적극적인 홍보가 필요하다.

우리나라 마당개 수는 약 149만 마리로 추정되고 있다. 현재 사업계획은 2022년 15억의 예산으로 1만 9천 마리를 중성화한 후 2026년까지 점점 확대하여 최종 37만 5천 마리를 목표로 하고 있다. 이러한 점에서 보면, 사업 대상 개체 수가 기대에 미치지 못한 점이 있다. 그리고 중성화 사업이 효과가 있으려면 단기간에 강도 높게 시행되어야 하는데 그렇지 못한 문제도 있다. 목표량의 50퍼센트를 중성화한다 해도 그만큼 중성화율이 유지되지 않는다. 그사이 다른 개들이 태어나기 때문이다. 좀 더 강력한 정책 의지를 갖고 단기간에 강도 높게 시행하고, 지자체와 견주가 매력을 느낄 수 있게 충분한 유인을 제공해야 한다.

가축
피해 방지

토론에서 주로 도시의 들개가 다루어졌고, 지방의 들개에 대해서는 언급이 별로 없었다. 하지만 도시 들개의 문제인 개 물림 사고는 실제로 발생할 가능성이 낮다. 심리적 공포가 문제라면 지방에서의 가축 피해가 빈번하게 발생하고 있어 대책이 더 절실히 필요하다.

가축 피해도 생태적 거리가 확보되도록 들개가 가축에게 접근하지 못하게 해야 한다. 가축에 접근할 수 없으면 자연스레 가축을 키우는 곳으로 내려오지 않게 되고, 그런 먹이 조건에 맞게 들개의 개체 수도 줄어든다.

제주도에는 들개가 사냥하기도 하여 가축 피해가 심각하다. 피해 가축을 보면 2018년에는 닭 693마리, 송아지 1마리, 거위 3마리, 오리 117마리, 흑염소 3마리였고, 2019년에는 닭 500마리, 사육 기러기 50마리, 흑염소 5마리였다. 닭이나 오리 같은 가금류 피해가 큰데, 굳이 먹지도 않으면서 기회가 되는 대로 많은 수를 죽이는 슈퍼킬 때문이다. 가금류는 덩치가 작아 사냥하기도 쉬워 슈퍼킬을 하기 좋다. 들개로 인한 가축 피해의 특성에 맞는 대안이 필요하다.

제주도에서도 들개를 포획하려 했지만 워낙 빠르고 영리해서 잘 잡히지 않았다. 현재 권장하는 방법은 라디오를 틀어 놓는 것이다. 사람의 인기척을 느끼면 들개가 접근하지 않기 때문이다.[40] 하지만 실제로 라디오를 틀어 놓은 농가의 가축 피해가 없는지 추적조사가 필요하다. 참새가 허수아비를 무시하듯, 시간이 지나면 들개가 라디오 소리가 들려도 사람이 없다는 것을 알 수 있기 때문이다. 만일 이 효과가 지속적으로 나타난다면 큰 비용 없이 쉽게 실행할 수 있는 아주 좋은 방법이다.

들개 피해를 막으려면 먼저 축사를 견고하게 해야 한다. 들개는 밤에 사냥하는데 축사에 빈틈이 없도록 해서 들개가 들어오지 못하게 해야 한다. 가금류는 들개 외에 삵에 의해서도 슈퍼킬을 당한다. 또 들개나 삵보다 개체 수가 훨씬 많은 족제비도 슈퍼킬을 일으키므로 이들을 막기 위해서도 축사를 튼튼히 하고 빈틈 없게 관리해야 한다.

축사 주변에 울타리를 설치하면 더 안전하다. 울타리는 철망울타리와 전기울타리가 있는데 전기울타리 설치가 더 효과가 있을 것이다. 철망울타리는 고라니에게는 효과가 있지만 철망 아래를 파고 들어오는 멧돼지에게는 효과가 작다. 들개는 땅을 팔 수 있을 뿐만 아니라 개체에 따라서는 기어오를 수도 있다. 전기울타리가 멧돼지 피해를 막는 시설로 가장 효과가 높은데 들개도 같으리라 본다. 축사에 밀착해서 가시철조망을 두르는 것도 들개를 막는 데 효과가 있을 것이다.

들개가 접근할 때 소리를 나게 하는 것도 방안이다. 호주에서는 딩고를 막는 데 경비견이 효과가 높다 한다. 개는 영역을 중요하게 여기기 때문에 다른 개의 영역에 들어가는 것을 꺼린다. 축사에 접근하려는데 다른 개가 짖으면 들개도 불편하다. 경비견을 배치하기 어렵다면 경보설비도 효과가 있다. 들개의 동작이 감지되면 경보등이 켜지고 강한 경보음이 발생하여 물러나게 한다. 축사 가까이 주택이 있어 소음이 문제라면 사람은 들을 수 없지만, 들개가 듣기 괴로운 초음파를 발생하는 경보설비를 설치하면 된다. 이처럼 축사 근처를 들개가 접근하기 껄끄럽고 불편한 장소로 만들면 가축 피해를 예방할 수 있다.

들개로 인한 피해 보상 방안도 추진이 필요하다. 2021년 김해시의 한 농가는 닭 1000마리가 들개에 물려 죽는 피해를 보았다. 야생동물, 예를 들면 멧돼지에 의해 피해를 보면 보상받을 수 있다. 그런데 해당 농가는 전혀 보상을 받지 못했다. 들개는 「야생동물 보호 및 관리에 관한 법률」에서 정하는 유해야생동물에 속하지 않기 때문이었다. 현행법에서는 들개를 동물보호법에 따라 주인을 잃은 유기동물로 보고 있다. 그래서 주인을 찾아서 보상을 청구해야 하는 상황이었다. 그러나 들개에겐 주인이 없으니 보상을 받을 수 없었다.[41] 주인을 특정할 수 없으므로 들개 피해도 멧돼지 피해처럼 보상받도록 하는 방안이 시행되어야 한다.

가축 피해 방지시설에 대한 지원도 필요하다. 현재 야생동물에 의한 피해를 막기 위한 예방시설을 설치하는 경우에는 설치비의 60퍼센트를 정부와 지자체에서 지원하고 있다. 예방시설 지원은 매년 반복하여 피해가 발생하는 지역이 주요 대상인데 들개 피해 지역도 이와 같은 기준을 적용해 지원해야 한다.

우리나라의 조건과 정서에서 들개와 어떻게 지내야 할까? 동남아나 인도처럼 사람과 들개가 한 공간에서 어울려 살 수도 있다. 그러나 우리나라에서는 그런 모습을 용납하지 않는다. 또 포획으로 들개를 제거하여 문제를 해결할 수도 없다. 아무리 포획해도 연간 10만 마리의 유기견이 발생하는데 무슨 수로 해결할 것인가? 또 동물권 의식도 많이 강화되어 대규모 포획을 진행하면 심한 반발에 부딪혀 추진하기도 어렵다.

그렇다면 인간과 들개가 서로 거리를 두고 살면서 충돌을 최소화하는 것이 맞다. 우선 들개를 생명체로 존중하며, 함부로 그들의 생명을 해쳐서는 안 된다. 도시와 마을이 인간의 땅이라면 산은 동물들의 땅이다. 그들의 땅에 들어갔다면 우리가 조심해야지 그들이 거기에 있는 것을 탓하면 안 된다.

그 밖에 음식물 쓰레기 노출을 막고 가축 피해 예방시설을 설치하는 등 그들이 우리의 땅에 오지 않도록 방책을 세워야 한다. 그런데도 반복적으로 인간과 충돌하는 경우에는 불가피하게 그 개체를 특정해서 포획해야 한다.

5부

버려진 개들, 유기견

01 들개 똘이와 유기견 친구들

올무에 걸린 똘이

눈물과 삼각눈의 변화를 보면서 들개가 오랫동안 사람과 지내면 집개처럼 될 수 있을까 궁금해졌다. 그래서 유기동물보호소에 오랫동안 머문 들개가 있는지 찾았다. 몇몇 동물보호단체 사이트를 살펴보다가 '똘이'의 이야기를 접했다. 똘이는 두 살배기로 추정되는 흰색 진돗개 잡종견으로 답십리에 있는 동물권단체 케어입양센터에 2018년 2월에 들어왔다. 똘이는 들개 출신으로 2년 전부터 경기도 양주 야산에 살면서 동네로 내려와 음식을 받아먹었다고 한다. 북한산 들개나 독박골 동네개와 비슷한 생활을 해서 관심이 갔다. 똘이는 하얀 털빛에 검은 눈의 들개였다. 그 검은 눈에 팥알 같은 붉은 기가 섞여서 예쁘고 눈빛도 순했다. 똘이도 북한산의 들개처럼 진돗개를 닮아 잘생겼다. 똘이가 살았던 양주 야산은 북한산과 연결되어 있는 곳이라 어쩌면 북한산 들개 무리에서 떨어져 나온 들개일 수도 있었다.

처음에는 마을 사람들을 많이 경계했지만 시간이 지나자 적응해서

다른 들개들처럼 똘이도 잘생긴 토종개의 모습이다.
똘이는 들개 출신이어서인지 활동가들과도 살가운 교감을 하지 못했다.

아들로 보이는 백구 한 마리를 데리고 다녔다. 보통 암캐가 새끼와 다니는데 수컷인 똘이가 새끼를 데리고 다니는 것은 흔하게 볼 수 있는 경우는 아니었다. 똘이의 새끼가 아닐 수도 있었다. 그런데 똘이는 독박골의 뚜치와 비슷한 사고를 당했다. 동네 사람 몇몇이 똘이와 그 새끼를 잡아먹으려고 올가미를 놓았는데 똘이가 걸려 버렸다. 똘이는 간신히 도망쳤지만 목에 낀 쇠줄이 피부로 파고들어 피고름이 흘렀다. 신음소리를 내며 고통스러워하는 똘이 옆에서 아들 백구는 피고름을 핥아주고 마을로 내려와 먹이를 구해 똘이에게 가져다주었다. 이 모습을 본 마을 사람들은 감탄하면서 안쓰러워했다. 회원의 제보로 동물보호 활동가들이 사료로 똘이를 유인해 구조했다. 상처는 심각했지만 다행히 치료를 잘 받아서 케어입양센터에 들어오게 되었다. 새끼 백구는 다행히 제보자가 입양했다고 한다.

2018년 11월 케어입양센터를 찾아갔다. 인간의 보호를 받기 시작한

지 9개월이 된 똘이가 어떻게 변했을지 궁금했다. 입양센터에서는 대부대모 제도를 운영하고 있는데, 입양하기는 어렵지만 보호소 동물을 돕고 싶은 사람이 유기동물과 결연을 맺어 지원하는 제도이다. 들개의 행동 특성상 앞으로도 입양이 어려울 것이라 생각되어 똘이의 후견인으로 신청하고 센터를 찾아갔다.

금강이, 양군, 새나,
체리, 핑크

입양센터 복도에 들어서니 양쪽 벽에 나란히 있는 보호방에서 개들이 시끄럽게 짖어댔다. 여러 마리의 개들이 한꺼번에 짖는 소리는 사람의 신경을 거슬리게 하고 마음을 불안하게 한다. 그 복도를 지나 똘이가 있는 보호방 앞에 도착했다. 똘이가 있는 방 안의 개들도 심하게 짖다가 활동가와 함께 들어서자 더 이상 짖지 않았다. 신뢰하는 활동가 옆에 있는 사람에 대해서는 어느 정도 경계심을 늦추는 것 같았다. 활동가는 몇 가지 설명을 해주고 개들이 안정되자 방을 나갔다. 똘이와 같은 방에 있는 개들은 모두 북한산 들개 크기의 중형견이었다. 모두 여섯 마리로 독박골 동네개 무리와 같은 수였다. 이들의 행동 방식은 동네개들과 어떻게 다를지 궁금했다.

이 방의 개들은 저마다의 사연을 가지고 입양센터에 들어왔다. 금강이는 좀 덩치가 있는 황구로 암컷이다. 금강이도 들개 생활을 하다가 이곳에 들어오게 되었다. 북한산 들개 소탕 과정에서 살아남은 황구는 강아지 때 마을로 내려와 비좁은 건물 구석에서 숨어살았다. 주민 아주머니가 주는 밥을 얻어먹으며 4년을 살다가 동상으로 발에 피고름이 나는 상태

들개 출신이면서 4년 넘게 입양센터에 있는 금강이는 똘이의 미래 모습이다.
들개도 인간과 같이 사는 시간이 길어지면 인간에 대한 거부감이 상당히 줄어든다.

에서 구조되었다. 금강이나 똘이는 먹이를 얻기 위해 독박골 동네개처럼 인간의 거주지로 내려온 경우이다.

양군이는 옥죄는 목줄로 심하게 살이 파인 상태로 돌아다니다 구조되었다. 흰색과 누런색 털이 섞여 있는 2세 정도 되는 아담한 잡종 수캐이다. 새나는 스피츠 계열의 검은색 암컷으로, 유기견이 된 새나를 보호하고 있던 동물병원에서 개장수에게 넘기려는 것을 발견해 구조되었다. 체리도 스피츠 계열의 검은색 암컷이다. 청각장애인 할머니 집앞에 누군가 체리를 유기해서 할머니가 키우게 되었는데, 영양 결핍으로 구루병에 걸려 입양센터에 들어오게 되었다. 핑크는 삽살개나 슈나우저 잡종으로 추정되는 암캐로, 임시 보호 중이었던 유기견이 낳은 새끼인데 이곳에 오게 되었다. 핑크는 덩치가 제일 작은데도 움직임이 기민하고 활발했다. 이곳에 들어온 시기를 정리하면 금강이 2015년 2월, 핑크 2015년 4월, 체리 2017년 2월, 새나 2017년 12월, 똘이 2018년 2월, 양군 2018년 6월 순이다.

똘이 무리와
친해지기

1주일 또는 2주일에 한 번 입양센터에 들러 1시간 정도 똘이와 친해지는 시간을 가졌다. 개를 좋아하지만 키우기는 힘든 상황이어서 이렇게라도 개를 만나고 싶었다. 똘이를 만나면서 입양센터에 있는 유기견들의 행동도 관찰했다. 유기견들은 여러 방에 나누어 보호받고 있었다. 방 안의 환경은 청결했고 유기견의 배설물은 활동가가 들어와 수시로 치웠다.

유기견들과 고구마 말랭이를 주면서 친해지려고 노력했다. 똘이는 고기를 주면 알레르기를 일으켜 식물성만을 먹인다고 해서 선택한 것이 고구마 말랭이였다. 고구마 말랭이가 든 봉지를 흔들자 개들이 관심을 보이며 상기된 표정으로 다가왔다. 나는 고구마 말랭이를 방 이곳저곳에 던

앞줄 제일 왼쪽의 검은 개는 살가운 성격의 핑크,
흰색과 황색이 섞인 가운데 개는 사람을 무척 경계하는 양군이,
제일 오른쪽이 똘이다.

져 주었다. 개들은 애매한 위치에 떨어진 먹이를 두고 짧게 으르렁거리기도 했지만 자주 그러진 않았다. 사람에게 익숙한 새나, 체리, 핑크는 손 위에 먹이를 올려놓자 받아먹었다. 들개 출신이지만 사람에게 익숙해진 금강이도 손 위의 먹이를 먹었다. 새나와 핑크는 벌떡 일어서서 두 발을 내 몸에 올려놓고 먹이를 재촉해서 처음엔 조금 당황스러웠다. 사람과 일정 거리를 두려는 동네개나 야생개와 달리 새나, 체리, 핑크는 사람과의 접촉을 그다지 기피하지 않았다. 강아지 때 사람을 접촉한 경험이 있었기 때문으로 보인다.

반면 똘이는 적극적으로 고구마 말랭이를 먹지 않았다. 처음에는 고구마 말랭이를 던져 주어도 먹지 않았는데 두 번째부터는 먹기 시작했다. 고구마 말랭이를 흔들면 다른 개들은 들뜬 표정으로 다가오는데, 똘이는 시무룩하고 못마땅한 표정으로 방 한쪽에 앉아 있었다. 그러다 고구마 말랭이를 던져 주면 느릿느릿 먹고는 다시 시무룩한 표정으로 방바닥을 내려다보았다. 한 후견인이 똘이를 쓰다듬기에 물어보았더니 오랫동안 사람 손길을 회피했다고 했다. 자신도 몇 달 전에야 겨우 만질 수 있게 되었다는 것이다. 똘이는 활동가들과도 살갑게 교감하는 편은 아니었다. 똘이 외에 양군이도 경계심이 강해 다른 개들 뒤에서 눈치를 보다가 먹이를 멀찍이 던져 주면 잽싸게 받아먹었다. 양군이는 항상 눈치를 보는 듯했다.

처음 방에 들어갔을 때 개에게 사람의 냄새를 맡게 하면 친해진다는 말이 기억나서 코 가까이 손을 내밀었다. 그런데 똘이가 잠깐 냄새를 맡는가 싶더니 이내 으르렁거리며 짖기 시작했다. 손을 내미는 행동을 위협으로 느낀 것 같았다. 똘이가 짖자 다른 개들도 따라서 짖어댔다. 작은 실내 공간에서 개들이 한꺼번에 짖자 정신이 없었다. 좀 불안한 느낌이 들어 방문을 열고 나왔는데 완전히 방문을 닫고 나올 때까지 계속 짖어댔다. 두 번째 갔을 때는 다른 후견인이 먼저 와 있었다. 후견인과 기분 좋은 시간을 보낸 탓인지 유기견들은 나를 선선히 맞아주었다. 그 이후로 똘이는 더 이상 짖지 않았다. 그러나 내가 다가가는 것을 부담스러워하는 것은 여전했고 썩 반기지는 않았다. 세 번째부터는 유기견들이 보호방 앞에 와도 적대적으로 짖지 않아서 혼자 들어갈 수 있었다.

처음엔 똘이는 물론 다른 개들에게 쓰다듬는 행동을 하지 않았다. 가까워지지 않은 상태에서 쓰다듬는 행동은 개 물림 사고로 이어질 수 있기 때문이다. 들개나 동네개는 도주 공간이 있기 때문에 뒤로 물러서서 피하지만 달아날 공간이 없는 보호방에서는 집개들처럼 유기견도 공격적으로 변할 수 있다. 사람과 사람 사이에도 만나는 횟수가 늘어야 편해지듯이 인간과 개도 만나는 횟수가 많아져야 서로를 부담 없이 대할 수 있다. 똘이와 친해지고 싶었지만, 가장 먼저 친해진 건 핑크였다. 핑크는 사람을 좋아해서 꼬리를 치며 다가와 몸을 들이밀었다. 그런 핑크를 쓰다듬으면 눈을 감고 꾸벅꾸벅 졸기도 했다. 그러다 멈추면 다시 몸을 들이밀었다. 새나와 체리는 처음에 내가 손을 내밀자 고개를 뒤로 빼고 피하려고 했다. 그러다가 천천히 내 손길을 허락했고 그중 체리는 벌렁 누워서 쓰다듬어 달라고까지 했다.

이렇게 만나는 횟수가 늘어나면서 유기견들은 조금씩 다가왔다. 똘이가 있는 보호방으로 들어가기 전에 다른 보호방의 개들에게도 고구마 말랭이를 던져 주었더니 전처럼 심하게 짖지는 않았고, 먹을 것을 달라고 짖는 정도였다. 다섯 번째 갔을 때는 양군이만 빼고 모두 만질 수 있게 되

체리는 순하고 사람을 따르는 성격이지만 처음엔 손을 내밀면 불편해하며 물러났다.
그러나 더 많이 친해지자 쓰다듬어 달라고 벌렁 눕기도 했다.
내가 쓰다듬어 주면 꾸벅꾸벅 졸았다.

었다. 양군이는 입소한 지 얼마 되지 않아서인지 들개 출신의 똘이나 금강이보다 사람에 대한 경계심이 강했다. 집개도 길거리 생활을 오래 하면 들개만큼이나 사람에 대한 경계심이 강해지는 것 같았다. 양군이에겐 아직 시간이 많이 필요해 보였다.

입양센터에 드나든 지 3개월 정도가 지나자 양군이와 똘이를 제외한 모든 개들이 제법 꼬리를 쳤다. 간식 때문이겠지만 똘이도 살짝 반기는 느낌이 들었다. 경계심이 강한 양군이도 나에게 살짝 다가와 냄새를 맡고 물러섰다. 만나는 횟수가 늘면서 유기견들과의 관계는 점점 좋아졌다. 똘이는 즐기는 것 같지 않았지만 쓰다듬으면 가만히 있었다. 들개 출신이라 해도 똘이는 순한 편이었다. 그러나 처음 입소했을 때 목욕을 시키는 활동가를 물었다고 한다. 개가 사람의 손길을 받아들이는 데는 시간이 필요하다. 똘이는 별로 반기지 않았지만 내가 곁에 있으면 피하지 않는 정도였다. 똘이와 얼마나 친해질지는 모르는 일이었다. 눈물과 삼각눈이 그랬

듯이 어느 선 이상으로는 친해지지 않을 수도 있을 것 같았다. 그래도 건물 밖으로 나가려 하지 않는 똘이를 데리고 언젠가 산책하는 날이 오겠거니 기대했다.

유기견의 행동

독박골 동네개와 비교하면 유기견들은 약간 감정의 기복이 있었다. 먹이에 열렬한 관심을 보이다가도 이내 꾸벅꾸벅 졸았고 낯선 사람이 지나가면 다 함께 짖어댔다. 한 마리가 짖기 시작하면 방 안의 개들이 흥분해 모두 따라 짖었다. 집이든 보호소든 닫힌 공간은 개들에게 스트레스를 주는 것 같다. 개는 원래 실외에서 사는 동물로 아무리 넓은 공간도 닫혀 있으면 답답함을 느낀다. 열린 공간에서 살던 독박골 개들의 삶이 여유롭게 보이는 것과 달리 입양센터의 개들의 삶은 따분해 보였다. 어떤 공간에 사는지가 삶을 규정한다.

활동가와 자원봉사자들이 종종 개를 산책시켰는데, 유기견들에겐 콧바람을 쐴 수 있는 유일한 시간이었다. 그러나 산책을 나가면 신바람이 나서 뛰어다니는 일반 반려견들과는 달리 입양센터의 개들은 산책을 즐기지 못했다. 멀리 나가는 것을 싫어했고 멈추거나 몸을 뒤로 빼며 산책을 거부하기도 했다. 아예 산책을 할 수 없는 개도 있었다.

사람을 기피하는 경향이 강한 똘이와 양군이는 건물 밖으로 나가는 것조차 힘들어해서 옥상에 올라가 바람을 쏘인다고 한다. 오후 늦게는 보호방이 있는 통로 입구를 막고 개들을 복도로 나오게 한 뒤 청소를 하는데 이때도 보호방을 나와 잠깐 돌아다닐 수 있다. 똘이나 양군이에 비해 사람을 따르는 금강이도 산책을 하지 않는데, 힘들었던 들개 시절에 대한 트라우마 때문인지 건물 밖으로만 나가면 벌벌 떨고 움직이지 않는다고 했다.

산책을 좋아하는 개들도 동반하는 사람과의 신뢰관계가 쌓여야 산책을 할 수 있다. 입양센터에 들른 지 4개월쯤 되었을 때 처음으로 입양센터에 보호 중인 개를 데리고 산책을 나갔다. 입양된 핑크를 제외하면 가장 성격이 밝고 사람에 대한 거부감이 작은 새나를 데리고 산책을 나왔는데 새나도 입양센터 건물 주변에만 머무르려고 했다. 산책 코스로 가려고 줄을 당기면 새나는 목을 뒤로 빼면서 거부했다. 보통 주인과 개들이 방향을 공유하면서 산책을 하는 것과는 많이 달랐다. 두 번째 산책에서 새나는 썩 내켜하지 않았지만 조금 더 먼 곳까지 다녀왔다. 그다음에도 새나는 입양센터와 멀지 않은 곳까지만 산책을 하려 했다.

새나는 유달리 먹이를 밝히는 녀석인데도 산책 중에는 먹이를 주어도 먹지 않았고, 입양센터에 돌아오면 그제야 먹이를 찾았다. 나와 산책할 때 새나는 불편하고 불안했던 것이다. 심리적 스트레스를 받은 새나는 산책 중에 식욕을 느낄 수 없었던 것이다. 새나를 산책시키려고 실랑이를 벌이는데 우연히 활동가를 만났다. 그런데 활동가가 입양센터 밖으로 나와서 좀 더 먼 곳까지 가자 새나는 선선히 따라갔다. 시간을 두고 익숙해져야 개도 사람도 서로를 편안하게 느낄 수 있다. 먹을 것을 주었다는 이유만으로 친해지지는 않는다. 새나는 오랜 시간 같이 지내는 활동가를 가끔 들르는 나보다 더 신뢰했다. 당연하다. 개들은 다수의 개를 상대하는 입양센터 활동가보다 오직 자기만을 받아주는 주인에게 애착이 더 강할 것이다. 그래서 반려견들은 주인과 산책하는 것을 그렇게 좋아하는 것이다.

그런 점에서 유기동물보호소에서 개를 입양할 생각이라면 미리 여러 차례 만나서 친해진 다음에 입양하는 것이 좋다. 그러면 입양되는 개가 새로운 환경에 더 잘 적응할 수 있을 것이다. 또 입양하려는 개가 키우기에 적합한지도 미리 알 수 있다. 입양이 적합하지 않은 개를 집에 들였다가 파양하거나 유기하는 것보다 신중하게 입양할 개를 선택하는 것이 필요하다.

유기견들은 보호방의 다른 공간보다 출입문 앞에 몰려 있기를 좋아했다. 무료한 보호소 생활에서 출입문 밖의 상황을 보는 것이 그나마 재미있는 모양이다. 일상적이지 않은 새로운 것은 개들에게도 신선한 느낌을 주는 것 같았다. 북한산에 갔다가 입양센터에 들르는 날이면 개들이 다가와 냄새를 맡았는데 신발에서 나는 냄새에 가장 많은 관심을 보였다. 특히 똘이와 양군이는 만화책을 보는 아이처럼 열심히 냄새를 맡았다. 평소에 맡지 못한 냄새에 관심을 보이는 것 같았다.

유기견들은 보호방 문 앞에 몰려서 있기를 좋아했다.
무료한 삶에 출구 밖의 일들이 그나마 재미를 주는 것 같았다.

북한산에 갔다가 입양센터에 들르는 날이면 유기견들은 신발 냄새를 만화책을 읽는 아이처럼 열심히 맡았다. 단순한 삶에서 맡기 어려운 색다른 냄새가 호기심을 자극한 것으로 보인다.

새나는 밝은 성격에 사람에 대한 거부감이 작은데도 항상 나와 반대편에 떨어져 앉고 싶어 했다.

개는 냄새로 다양한 정보를 파악하는데 똘이와 양군이는 신발 냄새를 맡으며 북한산을 머릿속으로 그리는 것 같았다. 개들은 킁킁거리며 냄새를 맡는 것 자체를 즐긴다.

유기견들은 보호방 안에 각자의 자리가 있었다. 금강이, 양군이, 체리는 보호방 출입문 앞에 포개어져 있었고, 핑크는 내 옆자리, 새나는 반대편 벽 쪽에 앉아 있었다. 똘이는 한쪽 벽 중간쯤에 앉아 있었는데 내가 그쪽에 있든 반대편에 있든 상관없이 자기 자리를 지켰다. 유기견들은 먹을 것을 흔들면 일제히 모여들었다가 다 먹고 나면 자기 자리로 돌아가서 쉬었다.

양군이는 사람을 가장 꺼렸지만 보호방 안에선 분위기 메이커였다. 사람에 대한 사교성과 동족에 대한 사교성은 완전히 별개였다. 다른 개들이 각자 자리를 차지하고 방 안에 앉아 있는 것과 달리 양군이는 돌아다니며 장난을 걸었다. 특히 가장 어린 새나와 레슬링을 즐겼다. 그런데 똘이에게만은 장난을 걸지 않았다. 같은 수컷이고 무뚝뚝한 똘이가 장난 상대로는 부담스러웠던 모양이다. 또 핑크는 이상하게 양군이를 싫어했다. 양군이가 가까이 오면 짧고 날카로운 소리로 짖었고 양군이는 움찔해서 물러났다.

유기견의
서열

유기견들 사이에도 서열이 있는지 활동가에게 물었더니 뚜렷한 서열은 없지만 있기는 하다고 했다. 서열 1위가 누구냐고 물으니 똘이라고 했다. 들개 출신이라 야성이 더 강해 서열 싸움에서 유리했을 것이다. 똘이는 암캐들과는 잘 지내지만 수캐가 들어오면 용납하지 않고 싸운다고 한다. 그런데 이상하게도 양군이한테만 자리를 내주었다고 했다. 중성화 수술을 받았지만 수컷으로서의 정체성은 변함없는 것 같았다. 똘이는 완전히 성숙한 후에 중성화 수술을 받았으므로 그럴 여지가 있다. 사실 똘이가 서열 1위가 맞나 싶기도 했다. 가장 작은 암컷 핑크가 똘이에게 으르렁거릴 때도 있으니 말이다. 서열 1위라면 응징할 만도 한데 오히려 뒤로 물러났다. 눈물이 뚜치에게 한 수 접는 것과 비슷한 경우 같았다. 똘이는 고구마 말랭이가 애매한 위치에 있으면 항상 다른 개에게 양보했다. 다른 개들에게 기선을 제압하는 행동을 한 번도 하지 않았다. 삼각눈처럼 평소에는 얌전하다가 결정적인 순간에만 마초 기질을 보이는 것일까. 물론 중성화 수술을 받은 똘이는 삼각눈처럼 사랑 때문에 반전 모습을 보일 가능성은 없을 것이다.

서열 1위가 금강이라는 사람도 있는 것을 보면 유기견들의 서열은 그리 뚜렷하지 않아 보였다. 서로 위협을 할 때도 있지만 본격적인 싸움을 벌인 적이 드물었다. 금강이는 보호방 출입문 맨 앞을 차지하고 통로 보기를 좋아하는데 체리가 그 자리로 비집고 들어가려다 서로 이빨을 드러냈다. 한동안 금강이가 으르렁거리며 위협하고 체리는 계속 짖어대다가 끝났다. 본격적인 싸움이라기보다는 사람으로 치면 서로에게 짜증을 내며 말다툼하는 것 같아 보였다. 그러다 체리가 금강이의 털을 주둥이로 고르는 것을 보면 서로에게 큰 적의는 없어 보였다. 한번은 양군이와 체리가 고구마 말랭이를 두고 이빨을 드러내며 서로를 위협했다. 이들도 한동안 그러다가 멈추었다. 개들은 본격적인 싸움을 그다지 원하지 않는 것처럼 보였다. 유기견들의 서열은 중구난방으로 그때마다 달랐으며 독박골 동네개 무리에 비해 불분명했다. 사냥할 필요가 없는 유기견들은 서열을 정할 필요가 없고 싸울 필요도 없다. 싸우면 남는 건 상처뿐이고 생존에 득이 되지 않는다. 기다리면 먹이를 얻을 수 있기 때문에 순서를 기다리는 것이 현명하다.

서열이 가장 낮은 개가 새나인 것만은 분명했다. 새나는 덩치는 크지만 아직 어려서인지 야무지진 못했다. 어느 날 출입문 앞자리를 놓고 양군이와 새나가 실랑이를 하나 양군이가 이빨을 드러내고 위협하자 새나가 물러섰다. 그때 같이 흥분한 똘이가 새나에게 짖어대자 새나는 벌서는 아이처럼 두 발로 벽에 기대서서 한참이나 있었다. 그러나 서열이 가장 낮음에도 새나는 별로 주눅 들지 않고 천방지축이었고 먹이에도 욕심을 부렸다. 유기견 간의 서열은 강력한 구속력이 없었다.

들개들은 밤에 공격성이 높아지는데 입양센터의 유기견도 밤에 싸우는 일이 종종 있었다. 어느 날 아침에는 양군이 귀가 뜯겨 있었다고 한다. 또 어느 날은 똘이의 턱에 상처가 있었다. 양군이가 접근하면 똘이가 이빨을 드러내는 걸 보면 둘 사이에 싸움이 있었을 가능성이 높다.

개들은 다른 개들이 짖으면 공격성을 드러내기도 한다. 보호방 밖에 누군가 나타나서 짖다가 흥분하면 자기들끼리 이빨을 드러내고 서로를 위협하기도 했다. 서로에게 공격적인 모습을 보여야 할 아무런 이유가 없는데도 적대적으로 변하는 것을 보면, 흥분하면 앞뒤 가리지 않고 적대적인 행동을 하는 것으로 보인다. 따라서 개가 흥분해서 짖을 때에는 주인이라 할지라도 만지지 않는 것이 좋다. 갑자기 주인을 공격할 수도 있기 때문이다.

들개와
인간과의 시간

같은 들개 출신이고 입양센터에 더 오래 있었던 금강이는 똘이의 미래 모습이다. 금강이는 똘이에 비해 사람에게 더 친근하게 다가왔다. 8세 정도이고, 이곳에 온 지 4년쯤 된다. 금강이는 먹이를 주려고 하면 부드럽게 꼬리를 치며 다가왔고 눈빛도 온순했다. 금강이는 사람에 대한 거부감은 여느 집개처럼 없어 보였다. 그러나 집개와 달리 사람에게 복종하지 않는 것 같았다. 시간이 많이 지나면 똘이도 금강이처럼 사람에게 친근감을 느낄 것이다.

금강이는 들개가 인간과 많은 시간을 함께하면 어떻게 되는지를 보여주는 사례가 될 수 있다. 금강이를 보면 들개가 인간과 함께 살아갈 수 있을 것이라는 희망이 보인다. 시간이 충분히 지나면 들개도 집개가 될 수 있다. 금강이는 북한산에서 마을로 내려온 뒤 밥을 주었던 주민이 대부대모였는데, 드디어 그 주민이 입양을 했다. 들개 출신인 금강이가 집개가 된 것이다. 보통의 집개보다 성격이 온순하고 의젓한 편인 금강이는 반려견으로서의 생활에 잘 적응할 것으로 보인다. 더군다나 예전에 밥을 챙겨 주었고 진심으로 금강이를 아끼는 사람에게 입양되었으니 더 잘 적응할 것이다.

금강이를 보면 들개가 유기동물보호소에서 지내는 것이 가능함을 알 수 있다. 시간이 지나면 들개도 적응하여 살 수 있다. 방목형 보호소 같은 들개 특성에 맞는 보호소를 설치할 수 없다면 일반적인 보호소에서 들개를 보호하는 방안이라도 추진해야 한다.

들개는 인간과 오래 살면 집개가 될 수 있다. 눈물과 삼각눈도 점점 집개의 특성을 보였다. 다만 일반적인 집개보다 인간에 대한 복종심이 좀 덜하긴 하다. 그러나 금강이 같은 들개가 주변에 동족 없이 오직 인간과만 유대를 맺는다면 집개의 특성이 훨씬 강화될 것으로 보인다. 동네개들 간의 유대가 공고했던 시기와 달리 집개가 된 후 눈물과 삼각눈이 상기된 표정으로 나에게 꼬리 쳤던 것을 생각하면, 개들에게는 안된 일이지만 충견이 되려면 개들보다 인간과의 유대가 강해야 한다.

핑크와 금강이가 떠난 자리는 남양주 개농장에서 구조한 웅진이가 채웠다. 웅진이는 회갈색 털빛에 몸무게가 25킬로그램이나 되지만, 생후

9개월밖에 되지 않은 어린 개였다. 웅진이와의 만남은 좀 껄끄러웠다. 덩치가 큰 녀석이 나를 보자마자 달려들어 먹이를 달라고 보챘던 것이다. 그러다가 갑자기 짖으면서 적대감을 표시했다. 순간 당황했지만, 아마도 내가 눈높이를 맞추려고 자세를 낮춘 것이 노려보는 것으로 오해한 것 같았다. 사람은 눈높이를 맞추는 것이 상대에게 호의를 나타내는 것이지만 개들은 똑바로 눈을 쳐다보는 것으로 여겨 적대적인 의미로 받아들일 수 있다.[1]

두 번째 만남에서도 거칠게 달려들어 나도 모르게 평정심을 잃고 웅진이를 세게 밀어냈다. 그러자 웅진이는 끙끙거리며 보호방 문 앞으로 가더니 나를 외면했다. 개들은 불편한 상황에 처하면 시선을 외면한다. 심리적 안정을 얻으려 하는 행동일 것이다. 웅진이는 오랜 기간 동안 나를 보면 꼬리를 내리고 거리를 유지했다. 들를 때마다 계속 간식을 주니까 어느

새로 들어온 웅진이(오른쪽 회갈색 개)는 나와의 안 좋은 경험 후 시선을 외면했다. 불편한 상황을 외면하는 것은 심리적 안정을 얻으려는 행동이다.

정도 시간이 흘러서는 손을 핥기도 했다. 그러나 항상 꼬리를 내린 채 내게 다가왔다. 한 번의 부정적인 경험이 강하게 뇌리에 박힌 것 같았다. 실수를 회복하려면 참을성 있게 기다리면서 일관된 모습으로 잘해줘야겠다고 생각했다.

그러나 2019년 7월 초 답십리 센터가 재정난으로 문을 닫으면서 그럴 기회가 사라졌다. 내가 후견인으로 신청한 똘이는 충주에 있는 보호소로 옮겨졌다. 주말에 입양센터로 가서 똘이 무리와 함께 지내면 마음이 평온해지고 좋았는데, 많이 아쉽고 허전했다.

방문자에 대한 반응

입양센터를 방문하는 사람들에 대한 개들의 반응은 다양했다. 많은 자원봉사자가 예약을 하고 찾아가서 개들과 산책을 했다. 자주 찾는 방문자에 대해서는 남다른 호감을 보이기도 했다. 매주 입양센터를 찾는다는 한 여성 후견인에게는 똘이 무리 모두가 호감을 보였다. 후견인이 오기 한참 전부터 개들이 보호방 출입문에 모여 목을 빼고 기다렸다. 후견인이 들어오자 모두 꼬리를 치며 반가워했다. 내가 갔을 때와는 다르게 진심으로 환대하는 느낌이 들었다. 똘이도 꼬리를 살랑살랑 치며 후견인에게 다가갔다.

독박골 동네개처럼 입양센터의 유기견들도 남성보다 여성을 좋아했다. 어느 날 재외동포로 보이는 사람들이 똘이 방으로 들어와 개들을 살피며 활농가늘과 해외입양에 대해서 이야기를 나누었다. 유기견들은 여성 방문자가 만질 때는 가만히 있었는데 남성 방문자에게는 짖어댔다. 개들은 성인 남성을 여성과 구분해 더 경계하는 모습을 보였다. 나도 남성인지라 유기견들이 썩 좋아하진 않았다. 오직 핑크만이 살갑게 다가왔다. 그런 성격 때문인지 핑크는 똘이 무리 중에 가장 먼저 입양되었다.

개들을 관찰하고 있을 때 간혹 입양에 관심이 있는 사람들이 보호방에 들렀다. 그들은 어떤 기준으로 입양할 개를 선택할까. 아마도 인간에게 호의적인 부분이 중요한 기준이 될 것이다. 사람들은 입양할 개에게 일반적인 집개처럼 친밀한 관계를 기대한다. 그런 점에서 똘이 같은 들개 출신의 보호견은 입양될 가능성이 낮다. 똘이가 여성 후견인을 진심으로 반기는 것을 보면 들개도 입양자와 좋은 관계를 맺을 수 있지만, 아마도 거의 대부분이 사람에게 경계심이 많은 들개를 입양할 개로 선택하지 않을 것이다. 유기견이 동물보호소에 들어오는 순서는 있지만 입양은 그 순서대로 되지 않는다.

입양이 어려운
잡종 중대형견

개의 기질적인 면 외에 개의 크기와 품종이 입양에 중요한 영향을 준다. 해외에서는 단독주택이 많아 새나와 같은 중대형견에게도 입양 기회가 주어진다. 그러나 도시 가구의 상당수가 아파트나 다세대주택과 같은 공동주택인 우리나라에서 중대형견의 입양은 어렵다. 사람들은 실내 공간에서 중대형견과 같이 사는 것을 부담스러워한다. 그래서 작고 털이 잘 빠지지 않는 말티즈, 푸들, 시츄가 우리나라 반려견의 50퍼센트 이상을 차지하고 있다.

더구나 잡종견이라면 입양 가능성이 더 줄어든다. 반려견을 구매가 아니라 입양으로 인연을 맺으려는 사람들도 소형 품종견을 선호한다. 대부분의 사람들이 품종견을 원하기 때문에 유기견의 입양 자체를 꺼리기도 한다. 그러나 유기동물보호소에도 다양한 품종견들을 만날 수 있으니 시간을 두고 기다리면 원하는 품종견을 입양할 수 있다. 순종과 잡종을 가리지 않고 키우기 어려우면 개는 버려진다. 다만 순종견이 빨리 입양될 뿐이다. 실제로 소형 품종견에 대해서는 입양 문의가 많다고 한다. 그래서 동물보호소에서 장기 보호되는 개들의 대부분은 잡종 중대형견이다.

사실 품종견에 대한 선호는 다시 한번 생각해봐야 한다. 개의 원형은 유전자가 다양한 잡종견이며 형질 면에서도 품종견보다 우수하다. 견종을 구분하는 애견클럽은 1870년에나 등장했고, 그 이전의 개는 견종의 구분 없이 교배해 번식하는 잡종견이었다. 대부분의 품종견은 근친교배 등의 인위적인 집중교배를 통해 최근 100년 사이에 만들어져 유전자풀gene pool이 단순하다. 인위적 교배로 탄생한 품종견은 단점이 많다.

개의 품종은 대부분 원하는 외형을 얻기 위해 개량된다. 육종에서 명확하게 규정하기 어려운 품성이나 행동 방식은 고려하지 않는다. 순종 여부도 개의 외형을 기준으로 판단된다. 특정 외형을 얻기 위해서 비슷한 외형의 개들끼리 근친교배 같은 집중교배가 이루어지면서 유전적으로 취약해졌다.

유사한 유전자를 가진 개체들 간의 교배로 숨겨져 있는 열성형질이 발현된다. 때문에 품종견에게는 다양한 유전적 질병이 있다. 콜리나 코커스패니얼은 망막이 점차 퇴화해 실명하는 사례가 많다. 복서는 심장이 약하고 푸들에게는 혈우병이 많다. 이러한 유전질환은 품종 교배가 진행되면 될수록 더 많이 나타난다. 잉글리쉬 불독은 처음에는 소와 싸움을 벌일 정도로 강인한 품종이었지만 지금은 귀, 눈, 피부, 면역계, 신경계, 호흡계 등 거의 모든 신체 부위의 기능이 좋지 않아 평균 수명이 6년을 조금 넘길 정도가 되었다. 또 제왕절개를 해야 태어날 수 있을 정도로 머리가 커졌다.

초기 품종보다 시간이 지날수록 유전질환이 많아지고 품성과 신체 능력이 떨어지는 경향은 불테리어, 바셋하운드, 닥스훈트, 퍼그, 세인트버나드 등 많은 품종에서 나타나고 있다. 반면 잡종견들은 유전자가 다양해 건강하고 유전적 질환이 없으며 품성도 우수한 개체들이 많다. 굳이 품종견을 고집할 이유가 없다. 잡종개에 대한 인식 전환이 필요하다.

02 잡종 유기견의 천국, '테리토리오 데 자구아테스'

코스타리카의 비영리단체가 운영하는 유기동물보호소인 '테리토리오 데 자구아테스Territorio de Zaguates'는 잡종견에 대한 인식 전환에 귀감이 되는 사례이다. 우리말로 '길 잃은 동물의 땅'이라는 이곳은 잡종 유기견의 천국으로 유명하다. 코스타리카에서도 품종견은 쉽게 입양되는 반면, 잡종견은 입양이 쉽지 않다. 테리토리오 데 자구아테스는 약 900마리 이상의 잡종 유기견을 보호하고 있다.

산지와 초지가 어우러진 언덕에 세워진 유기동물보호소에서 유기견은 양떼처럼 무리 지어 뛰놀며 산다. 그렇게 뛰노는 개들의 대부분은 잡종 중대형견이다. 기부금으로 운영되는 이곳은 일반인에게 개방되어 있어 누구나 유기견과 함께 시간을 보내고 입양도 할 수 있다. 영상 속의 유기견들은 산속에서 스스럼없이 방문자들과 어울렸다. 보호소에서 자주 사람을 만나면서 사람을 기피하는 경향이 줄어들었기 때문인 것으로 보인다. 개방된 공간에서 사람을 만나니 개들도 부담감을 덜 느끼고 사람을 대할 수 있을 것이다. 또 스트레스 없이 마음껏 뛰놀며 지내면서 공격성도 줄어들었을 것이다.

이곳에서는 특히 잡종견에 대한 인식을 개선하려는 노력이 이루어지고 있다. '믹스견은 잡종이 아니라 특별한 종이다'를 모토로 잡종견의 특성을 소개하고, 잡종견 도그쇼, 사진 및 포스터 전시 등으로 다양한 노력을 기울이고 있으며,[2] 그 결실로 이곳을 거쳐 간 9,900마리가량의 개 중에 7,200마리가 입양되었다.[3] 이곳은 안락사 없이 운영되며 모든 개들은 중성화 수술을 받는다. 또한 개들을 자연공간 속에 살게 하고 청결하게 관리하고 있어 유기동물보호소의 이상적인 모습을 보여준다.

03 버려진 개들의 운명

유기견이 가는 길

우리나라에서 유기견이 갈 길은 정해져 있다. 들개가 되든가, 떠돌아다니다가 아사하든가, 구조되어 유기동물보호소로 가는 것이다. 우리 자연환경에 맞는 토종개 중 일부는 살아남아 야생에 자리 잡고 들개가 된다. 그러나 말티즈, 푸들, 시츄처럼 실내에서 키우는 품종견은 구조되지 않으면 대부분 아사한다. 물론 구조되어 유기동물보호소로 가더라도 안심할 수 없다. 일정 공고 기간이 지나도 주인을 찾거나 입양되지 않으면 안락사되기 때문이다.

안락사는 유기동물보호소의 수용 능력을 초과하여 유기견이 너무 많이 발생하기 때문에 행해진다. 유기동물보호소는 이미 과포화 상태이다. 전국 보호소 중 52퍼센트는 한 해에 100마리 이상의 유기견이 새로 들어온다. 시설이 크고 보호 환경이 좋은 몇몇 보호소에는 한 해 3,000마리가 넘는 유기견이 맡겨진다고 한다.[4] 보호소에 들어오는 유기견 중 원래 주인에게 돌아가거나 새 주인을 찾는 경우는 절반이 겨우 넘는다. 나머지는 안락사되거나 질병이나 다른 이유로 폐사된다.

버려지는
많은 개들

전국의 반려동물 보유 비율은 2010년 17.4퍼센트에서 2015년 21.8퍼센트로 증가했다. 반려동물 중 개의 비율이 85.6퍼센트로 압도적으로 많다.[5] 정확한 통계 산출은 어렵지만 2015년 기준으로 전국의 반려견 수는 약 513만 마리로 추정된다.[6] 농림축산검역본부의 '2017년 동물보호복지 실태조사'에 따르면 2015년 유기견 수는 5만 9633마리였고, 약 1.2퍼센트의 개가 그해에 버려졌다. 유기견은 7~8월에 가장 많이 발생한다. 여러 문제로 반려견을 키우기 어려워지면 집에서 멀리 떨어진 휴가지에 버리는 것이다. 아끼고 좋아했지만 버리는 것은 한순간이다.

유기견 수는 2014년 5만 9180마리, 2015년 5만 9633마리, 2016년 6만 3602마리, 2017년 7만 4337마리로 증가 추세에 있다. 이는 전국에서 공식적으로 구조된 것을 집계한 것으로, 구조되지 않고 아사하거나 비공식적으로 구조된 유기견을 감안하면 훨씬 더 많은 개가 버려지고 있는 것이다. 구조된 개의 19.3퍼센트가 주인에게 인도되고 31.6퍼센트가 입양되며 24.8퍼센트가 안락사된다. 겨우 17.0퍼센트만이 자연사한다.[7] 2017년에는 1만 8442마리의 개가 안락사되었다. 유기견에게 새 삶을 찾아주어야 할 보호소에서 실제로 많은 개들이 죽고 있다.

04 유기견 안락사

대만 수의사의 죽음

안락사는 생명을 존중하지 않는 행위로 가장 첨예하게 비난받는 사항이다. 이러한 비난에 동물보호소에서 근무하는 사람들은 심적 부담을 엄청나게 느낀다. 2016년 대만의 동물보호소에서 근무하던 수의사 지안지챙簡稚澄이 개를 안락사시키는 주사약을 자신의 팔에 놓아 자살하는 사건이 있었다. 지안지챙은 자살하기 1년 전 출연한 어느 방송 프로그램에서 "2년간 총 700여 마리의 개를 안락사시켜야 했다"면서 "개를 돈 주고 사지 말고 보호소에서 입양했으면 좋겠다"라고 밝혔다. 좋은 취지에서 방송에 출연했는데 이후 그녀는 "아름다운 도살자다", "아름다운 사형집행인이다"라는 등의 악성 댓글에 시달렸고 결국 자살했다.[8]

그녀에게 쏟아졌던 비난들은 온당하지 않다. 동물보호소의 수용 능력이 한정된 현실에서 만약 안락사를 하지 않으면 필연적으로 애니멀 호딩Animal hoarding으로 이어지기 때문이다. 애니멀 호딩은 키울 능력을 넘어서 지나치게 많은 동물을 키우는 행위로 이 역시 동물학대 행위이다. 애니멀 호딩은 보호하는 사람이 감당할 수 있는 한계를 넘어서기에 사람과 개의 삶 모두를 피폐하게 한다. 사람과 동물이 뒤엉켜 배설물, 악취, 소음 등으로 위생상태가 나빠지고 먹이 공급과 의료적 치료가 제대로 이루어지지 않는다. 보호소 안의 개체 수가 일정하게 유지되어야 환경을 건강하게 유지할 수 있는데, 안락사가 없으면 적정한 환경을 유지할 수 없다. 또 다른 형태의 죽음인 보호소에서의 폐사도 늘어난다.

실제로 안락사 없이 운영되는 사설 유기동물보호소에서 애니멀 호딩이 발생하는 경우가 있다. 좁은 공간에 많은 유기견을 살게 하는 것도 유기견에게 가혹한 일이다. 2017년 기준 유기견 입양률이 31.6퍼센트에 그치고 있는 상황에서 안락사는 불가피한 면이 있다. 물론 안락사가 정당하다거나 안락사를 권장한다는 것은 절대 아니다. 안락사는 최후의 방법이며 되도록 피해야 하지만 현실적으로 불가피하다는 것을 말하는 것이다. 단순히 비난하지 말고 안락사를 피할 수 있는 대안을 마련해야 한다.

유기동물보호소의 종류

안락사를 기준으로 유기동물보호소를 분류하면 유기동물보호소는 중성화 수술 후 방사하는 보호소, 안락사 없는 보호소, 개방형 보호소로 나눌 수 있다. 중성화 수술 후 방사하는 보호소는 유기견에게 중성화 수술을 하고 다시 살던 지역으로 방사하는 곳이다.[9] 동네개나 야생개로 자유롭게 살아가는 개들에게 적합한 보호소로, 북한산 들개를 예로 들 수 있다. 들개를 중성화 수술 후 방사하면 번식을 막아 개체 수를 조절하여 사람과의 충돌 가능성이 낮아진다. 현재 우리나라에는 중성화 수술 후 방사하는 보호소는 없다. 개체 수 증가를 억제해야 한다는 타당한 조사 결과가 도출된다면 이러한 보호소를 설치해야 한다.

안락사의 대척점에는 애니멀 호딩이 있다. 안락사 없는 보호소는 애니멀 호딩이, 개방형 보호소는 안락사가 문제가 된다. 안락사 없는 보호소는 유기견이 입양될 때까지 보호한다. 적절한 보살핌이 이루어진다면 이상적인 보호소 형태이다. 그러나 병이 들거나 다루기 어려운 개를 받지 않을 수 있으며, 시설이 포화되면 유기견이 불결한 환경에서 사는 애니멀 호딩으로 이어질 수 있다. 안락사 없는 보호소는 주로 사설 단체에서 운영하는데, 보호소의 개소 수와 보호동물의 수가 파악되지 않고 있다.

개방형 보호소는 보호소로 오는 모든 유기견을 받아들인다. 건강한 개뿐 아니라 병들고 입양이 어려운 개들도 받는다. 그리고 일정 기간이 지난 후에도 주인이 찾아가지 않거나 입양이 이루어지지 않으면 보호소의 수용 능력을 감안해 일정한 기준에 따라 유기견을 안락사시킨다. 지자체에서 운영하는 보호소는 대부분 개방형 보호소로 안락사 문제의 중심에 있다. 궁극적으로 개방형 보호소를 애니멀 호딩이 없고 안락사가 없는 보호소로 바꾸는 것이 유기동물보호소 운영의 이상적인 방향이다.

국내 유기동물 보호소 현황

우리나라는 1995년 1월 서울시가 한국동물구조관리협회에 유기동물 구조사업을 위탁하면서 유기동물보호소가 최초로 운영되었다. 이후 유기동물 문제가 확대되면서 유기동물보호소도 늘어나 2017년 기준 우리나라 지자체에서 운영하는 유기동물보호소는 293개이다. 이 중 지자체에서 직접 운영하거나 지자체 시설을 위탁업체에 임대하는 직영 보호소는 2015년 28개소, 2016년 31개소, 2017년 40개소로 꾸준히 늘어나고 있다. 반면 운영 인력은 796명으로 보호소당 평균 2.7명으로 매우 열악한 수준이다.

동물권단체 케어Care의 2017년 지방자치단체 유기동물보호소 실태조사 결과에 따르면, 유기동물보호소의 안락사를 줄이려고 많은 노력을 기울이고 있다. 서울시에서 유기동물 보호기간을 10일에서 20일로 늘리면서 각 지역에서도 보호기간을 연장하자는 목소리가 높아진 것이다. 지자체에서도 위탁업체에 부담이 되지 않는 선에서 최대한 보호기간을 연장하려고 한다. 추가 보호기간이 일주일 미만인 보호소는 대부분 동물병원으로, 보호공간이 한정되고 영업을 해야 하는 한계점을 그 이유로 볼 수 있다. 반면 봉사자가 조직적으로 구성되어 있고 체계적인 입양 홍보가 이루어지는 곳은 되도록 안락사를 지양하고 최대한 입양을 보내려고 한다.[10] 그 결과 유기동물의 평균 보호기간은 2016년 30일에서 2017년 42일로 늘어났다.[11] 안락사에 대한 비판적 여론이 일면서 유기동물의 입양을 늘리기 위해 유기동물보호소에서 노력한 결과로 보인다.[12]

국내 유기동물보호소는 안락사도 문제이지만 적절한 의료 조치가 없어 폐사하는 비율이 높은 것도 문제이다. 동물병원이 아닌 일반 위탁자의 경우 동물병원과 진료 계약을 한 후 운영되는데 치료비를 낮추기 위해 방치하고 이로 인한 폐사가 많다. 또한 보호소 중 상당수가 외곽지역에 자리 잡고 있어 지자체의 관리감독이 어렵고, 접근성이 낮아 입양되는 비율과 주인에게 반환되는 비율이 낮은 원인이 되고 있다.[13] 유기동물보호소의 환경 개선도 필요하다. 유기견들을 케이지에 수용하는 곳들이 있는데, 이러한 곳에선 유기견의 발이 철망 사이로 빠질 수 있어 유기견이 중심을 잡기 위해 불안한 자세로 버텨야 한다. 발이 빠지지 않게 철망을 설치하고 일정 공간에 두꺼운 판을 깔아 유기견이 철망에서 버티는 피로감을 덜어주어야 한다.

유기동물보호소의 환경개선을 위해서는 지자체 직영 보호소의 확대가 필요하다. 안락사의 부담으로 동물단체나 동물보호 활동가가 보호소 운영을 기피하는 현실이다. 또한 일반사업자에 의한 위탁운영은 1년 단위 계약이라 시설 투자가 어렵고, 1년 안에 최대한 이윤을 남겨야 하는 구조 때문에 동물복지 면에서 여러 폐단이 생길 수 있다. 직영을 기피하는 이유 중 가장 큰 것은 부지 마련 문제인데 군 · 구 단위에 소규모 직영 보호소를 설치하면 야외가 아닌 실내 보호시설만 갖추어도 충분하다.[14] 소규모 직영 보호소는 해당 지역에서 바로 구조하고 적은 수를 좋은 환경에서 보호할 수 있다. 아울러 입양을 위한 방문 접근성을 높이는 효과도 있다.

안락사
기준

초창기 유기동물보호소는 버려진 동물을 보호하기 위해서 시작된 것이 아니라 공중보건을 위해서 시행되었고, 이로 인해 포획에서 안락사로 이어지는 과정이 매우 비인도적이었다.[15] 동물복지에 대한 배려 없이 위생관리 효율을 위해 안락사가 남발되었다. 안락사에 대한 비판이 이어지면서 안락사에 대한 기준이 세워졌는데, 안락사 문제 해결의 기본은 먼저, 현재 정해진 안락사 기준을 준수하는 것이다. 관리 부담을 덜기 위해 너무 쉽게 안락사시켜서는 안 된다. 농림축산식품부의 동물보호센터 운영지침에서 정한, 지자체가 설치 또는 지정 운영하는 동물보호센터의 안락사 기준은 다음과 같다.

1순위 홍역, 파보parvo 장염 등 전염성과 치사율이 높은 질환에 감염되거나 상해로 인해 건강 회복이 불가능할 것으로 판단되는 개체
2순위 치료 비용, 치료 기간 등을 고려할 때 추가적인 보호가 불가능하다고 판단되는 개체
3순위 건강 상태가 쇠약하거나 심장질환, 백내장, 호르몬 질환 등에 감염되어 분양 후에도 지속적인 치료가 필요한 개체
4순위 사람 및 동물을 공격하거나, 교정이 어려운 행동 장애 등으로 분양이 어려울 것으로 판단되는 개체
5순위 그 밖에 센터 수용 능력, 분양 가능성 등을 고려하여 보호·관리가 어려울 것으로 판단되는 개체

이 중 1~4순위는 입양이 불가능한 경우에 해당하며 일부는 동물의 고통을 덜어주기 위해 인도적인 차원에서 안락사가 필요하다. 현재 비판의 중심 대상은 5순위이다. 시장·군수·구청장은 관내에서 발견된 유기동물의 보호를 위한 조치를 해야 하며, 주인을 찾을 수 있게 그 사실을 7일 이상 공고해야 한다. 해당 공고는 농림축산검역본부장이 구축·운영하는 동물보호관리 시스템에 게시해야 한다. 10일이 지나도 동물 소유자가 나타나지 않으면 해당 지자체는 동물의 소유권을 갖게 되고 이후 입양이 가능해진다. 유기동물은 계속 들어오기 마련이므로 입양이 이루어지지 않는 동물이 늘어나 결국 보호소의 수용 능력을 초과하는 상황이 벌어

진다. 그래서 5순위에 해당하는 안락사가 생겨나고 이에 대한 비판이 높아져 동물보호소에서 부담을 느끼고 있다. 실제로 유기동물의 안락사 비율은 2011년 26.7퍼센트, 2014년 22.7퍼센트, 2017년 20.2퍼센트로 조금씩 줄어들고 있다. 이는 안락사에 대한 부정적 인식을 지자체와 보호소 운영 주체가 심각하게 받아들였기 때문이며, 안락사를 막으려는 봉사자들의 적극적인 입양 홍보 등의 결과로도 볼 수 있다.[16]

05 독일의 노킬 정책

현재 우리나라에서는 제한된 수용 여건 때문에 안락사가 불가피하게 이루어지고 있다. 반면 반려견 관련 제도를 모범적으로 운영하는 독일에서는 노킬No-Kill 정책에 따라 모든 보호소가 안락사 없이 운영되고 있다. 어떠한 요인들이 노킬을 가능하게 했는지 살펴보자.

독일 유기동물보호소에 있는 동물은 안락사되지 않고 입양될 때까지 몇 년이고 보호소에서 산다. 유기견은 양호한 환경에서 살며 의료적 처치도 받는다. 치료가 불가능한 병에 걸려 고통을 줄이기 위해서만 안락사를 선택한다. 유기견이 1년 이상 보호소에 남아 있는 경우가 전체의 15~25퍼센트에 이른다. 독일 전역에 이러한 동물보호소가 520여 곳이나 있다. 엄청난 비용이 들 텐데 어떻게 안락사 없는 보호소를 운영할 수 있을까?

먼저, 독일에는 애견숍이 없어 개를 사고팔지 않으며 동물보호소를 통해서 입양한다. 자연히 입양이 빨리 이루어져 보호소에 유기견으로 가득 차는 상황을 막을 수 있다. 또 개를 기르려면 개를 시청에 등록하게 해서 함부로 버릴 수 없도록 했다. 이러한 조치들로 유기견의 보호소 유입을 조절할 수 있다.

독일에서는 개를 기르려면 세금을 내야 한다. 세금은 지역과 개의 종류에 따라 다르지만 1년에 90~600유로로 다양하다. 위험한 견종에 대해서는 세금이 더 많다. 입양을 받을 때도 100~500유로의 보호금을 내야 한다. 또한 독일 동물보호단체의 회원은 약 80만 명에 이르러 많은 후원금이 모인다. 이렇게 납부된 세금, 보호금, 시민의 후원금은 안락사 없이 동물보호소를 운영하는 재정적 기반이 된다. 보호소에 들어온 개는 필수적으로 중성화 수술을 받는다. 어린 강아지를 입양하는 경우는 자란 뒤 중성화 수술을 꼭 한다는 사항을 계약서에 명시한다. 번식에 의해 개의 수가 늘어나는 것을 중성화 수술로 막고 있다.[17]

유기견 발생을 막기 위해 자격 있는 사람만이 개를 키울 수 있게 하는 제도도 시행하고 있다. 우리나라는 심각한 고민 없이 개를 쉽게 살 수 있고, 그래서 조금만 키우기 어려우면 쉽게 버린다. 반면 독일의 니더작센 주에서는 2011년 7월부터 자격증을 취득해야 개를 키울 수 있게 하고 있다.[18] 운전면허가 있어야 운전을 하는 것과 같다. 사실 개를 키우려면 그에 걸맞은 자격을 갖추어야 한다. 개의 행동을 이해하고 조절하며 다른 사람과의 충돌을 예방할 수 있어야 하고, 개를 산책시키고 돌볼 수 있는 시간적 · 공간적 여건도 갖추어야 한다. 분리불안을 막고 배변 훈련도 해야 하며 지나치게 짖지 않게 해서 이웃에 피해가 없도록 해야 한다. 이런 모든 자격을 갖추어야 개를 버리지 않고 키울 수 있다.

06 유기견 발생을 막는 방안

우리는 너무 많은 개를 키우고 있다

안락사를 없애기 위해서는 우리 사회의 수용 능력 범위로 유기견 수를 줄여야 한다. 많이 유기되고 적게 입양되는 환경을 개선하지 않으면 안락사는 불가피하다. 동물보호소로 유입되는 개체 수를 줄이고 입양되는 수를 늘리는 방안을 고민해야 한다.

동물보호소로 유입되는 개체 수를 줄이려면 먼저 우리 사회가 수용할 수 있는 적정한 수의 개를 키워야 한다. 지금 우리는 너무 많은 개를 키우고 있다. 사회적 수용 능력 이상으로 많은 개들이 번식하게 된 가장 큰 원인은 너무 쉽게 개를 얻을 수 있는 구조 때문이다. 일정 금액을 지불하거나 아니면 공짜로 누구나 쉽게 개를 키울 수 있다. 개를 키우고 싶은 사람이 많고 또 원하기만 하면 쉽게 개를 키울 수 있기 때문에 과잉 번식이 되고 있다.

2013년 한국소비자보호원 조사에서 반려동물을 얻게 된 경로 중 유기견 문제 해결에 도움이 되는 유기동물 입양은 1.6퍼센트에 지나지 않았다. 그 밖의 경로는 지인을 통한 입양이 51.7퍼센트, 동물병원을 포함한 동물판매소에서의 구입이 26.5퍼센트, 인터넷 구입이 7.2퍼센트, 기르던 동물이 낳은 새끼 3.8퍼센트로, 주로 번식을 통해 개를 얻고 있다.[19] 이 가운데 동물판매소나 인터넷 구입은 강아지 공장의 대량 번식, 지인을 통한 입양과 기르던 동물의 새끼의 경우는 개인적 차원의 무분별한 번식과 관련 있다.

강아지 공장을 막자

유기견은 인간의 잘못된 욕구에서 비롯되었다. 개를 키우고 싶다며 무턱대고 쉽게 가지려는 욕구, 그러다 싫어지면 쉽게 버리려는 욕구, 개를 많이 팔아서 이익을 많이 남기려는 욕구가 결합되어 많은 개들이 태어나고 버려진다. 1회용 상품이 대량 생산되고 대량 폐기되는 것과 유기견 발생 양태가 비슷하며 강아지 공장과 애견숍이 이를 가능하게 한다. 유기견 발생을 막으려면 개를 키울 자격이나 여건이 안 되는 사람이 쉽게 강아지를 얻을 수 있는 구조를 개선해야 한다. 이런 사람들은 애견숍이나 인터넷을 통해 쉽게 강아지를 살 수 있다. 쉽게 가질 수 있기 때문에 쉽게 개를 버린다.

이렇게 구입한 강아지들 대부분은 강아지 공장에서 태어난다. 전국의 강아지 공장은 현재 4,500곳으로 추정되는데 이곳에서 태어난 강아지 90퍼센트가 경매장으로 향한다. 경매장에서 팔린 강아지는 전국 곳곳의 애견숍이나 인터넷을 통해 소비자들에게 분양된다.[20] 만일 팔리지 않고 점점 커가는 강아지는 유기될 가능성에 노출된다.

강아지 공장에서 어미개는 끊임없이 새끼를 배고 낳는 지옥 같은 삶을 살다가 생을 마친다. 비용을 줄이기 위해 층층으로 쌓인 비좁은 뜬장에서 어미개를 키운다. 어미개는 부상, 질병, 기생충 등에 대한 치료도 없이 불결한 환경에서 산다. 강아지는 되도록 짧게 어미개와 지내다가 팔려 간다. 강아지 관리 비용을 줄일 수 있고 새로운 새끼를 빨리 배게 하여 짧은 시간에 많은 강아지를 분양할 수 있기 때문이다. 또한 어린 강아지일수록 팔리기 쉽다. 강아지는 주로 약 2~12주 사이에 사회화에 대한 정보를 획득한다. 이 시기에 이루어지는 어미와의 교감은 개의 정서와 사회화를 위해 필수적이지만, 그런 시간을 보내지 못한 강아지는 나중에 문제 행동을 일으킬 가능성이 높다.

상거래를 통해 개를 쉽게 사고팔면 강아지 공장과 유기견 발생을 근절할 수 없다. 강아지가 열악한 환경에서 대량 생산 판매되는 상황에 대한 개선이 필요하다. 「동물보호법」에는 반려동물 판매와 생산업에 대한 시설과 인력 기준이 지정되어 있다. 해당 기준을 준수하는지 철저하게 단속해야 한다. 또한 인도적으로 반려동물 거래가 이루어지게 생산 및 판매 시설의 기준을 강화해 강아지 공장에서 수익을 누릴 수 없게 하고, 입양의 장점을 알려 상거래 방식을 입양 프로그램으로 대체해 나가야 한다. 그리고 현재 반려동물 생산업은 시장·군수·구청장의 허가를 받아야 하는데, 등록만으로 운영이 가능했던 반려동물 판매업도 허가를 받도록 법 개정이 필요하다.

중성화 수술

개인적 차원에서 이루어지는 과잉 번식을 막으려면 중성화 수술을 보편적으로 시행해야 한다. 개는 한 번에 4~5마리 이상의 새끼를 낳고 일 년에 두 번 정도 번식하므로 순식간에 개체 수가 불어난다. 2009년 독일의 한 지역신문에 버려진 개가 얼마나 늘어날 수 있는지를 보여주는 기사가 실렸다. 동부 지역 피체로다에 살던 한 여인이 1998년 옛 동독 군사부대 부지에 몇 마리의 개를 풀어주었다. 이 여인은 개들에게 사료나 치료를 제공하지 않고 가끔씩 보살폈을 뿐이었는데 2009년 발견 당시 개들이 약 200마리까지 불어난 상태였다.[21]

개의 번식을 그대로 두면 계속 늘어나는 강아지를 주체할 수 없다. 어차피 개를 보낼 수 있는 곳은 한정되어 있기에 키울 사람을 만나지 못하면 유기될 수밖에 없다. 또 인위적으로 짝짓기를 막는다면 번식을 하지 못함에 따른 스트레스로 개가 힘들어한다. 개와 인간이 공존해서 살려면 개체 수 조절이 불가피하며, 비록 자연적이지는 않지만 중성화 수술이 필요하다. 유기동물보호소에서 반려견을 입양하는 경우에 중성화 수술을 의무화하는 것이 우선적으로 시행할 수 있는 방안이다. 중성화 수술 없이 입양하면 그 개가 번식을 하고 그 새끼들이 다시 유기되는 악순환이 발생한다.

중성화 수술은 보호소에서 분양한 동물이 강아지 공장으로 가는 것도 막을 수 있다. 번식을 할 수 없으니 강아지 공장에서 입양하지 않게 된다. 그러므로 보호소에서 분양하는 경우 중성화 수술을 끝낸 뒤 분양해야 한다. 수술이 어려운 어린 강아지라면 중성화 수술을 약속한 경우에 분양

우선권을 주어야 한다. 이 경우 중성화 수술 시행 여부에 대한 분양 후 확인 시스템이 필요하다.

동물
등록제

반려견을 키우는 사람이 개를 쉽게 버리지 않고 잃어버렸을 때 쉽게 찾을 수 있게 동물등록제를 철저히 시행해야 한다. 2014년 1월 1일부터 전국에 실시된 동물등록제는 3개월 이상 된 반려견을 소유한 사람이 전국 시·군·구청에 반드시 동물을 등록하도록 하는 제도이다. 반려견에는 고유번호가 부여되며 반려견과 소유자의 정보가 동물보호관리 시스템에 등록된다. 또한 보호자의 이름, 전화번호, 동물등록번호 등의 정보가 있는 식별장치를 개에게 부착해 키우던 개를 쉽게 버리는 행위를 막고, 잃어버렸을 때 개를 쉽게 찾을 수 있게 하고 있다. 개는 일부러 유기되기도 하지만 문이 열려 있거나 발정기 때 집을 나가는 경우도 있다. 또 반려인과 같이 다니다 길을 잃는 등 다양한 이유로 유기견이 된다.

동물등록제는 자발적 유기와 비자발적 유기를 모두 막는 효과가 있다. 등록 대상 반려견을 맞이하게 된 날로부터 30일 안으로 동물병원 등 동물등록 대행기관을 방문해 등록하면 된다. 단, 맹견이 아닌 경우로 동물등록 업무를 대행할 수 있는 자가 없는 읍·면 및 도서 지역은 조례로 정하여 제외할 수 있다.

만일 동물등록을 하지 않으면 100만 원 이하의 과태료가 부과된다. 그러나 단속은 2014년의 예로 보면 단 1건뿐이라 과태료 부과로 동물등록제의 실효성을 확보하기는 어렵다. 정책집행 의지를 가지고 확실히 단속해야 한다. 또한 동물을 유기하면 300만 원 이하의 과태료가 부과되는데 벌금 형태로 전환해 처벌을 강화해야 한다.

동물등록 방법은 개의 몸 안에 내장형 무선식별장치를 삽입하는 방식, 외장형 무선식별장치를 부착하는 방식, 등록인식표를 부착하는 방식이 있다. 그 가운데 무선식별장치를 내장하는 것이 분실 가능성이 없으므로 외장형이나 인식표를 부착하는 방식보다 훨씬 유용하다. 2009년 미국 수의사회 조사 결과에 따르면 내장형 칩을 삽입한 경우 유실견이 주인에게 돌아간 비율이 52.2퍼센트인 데 반해 그렇지 않은 경우는 21.9퍼센트에 그쳤다.

외장형 무선식별장치나 인식표는 주로 목걸이에 부착하는데, 작정하고 목걸이를 떼고 개를 버리는 경우를 막을 수 없다. 또한 상당수의 개는 집 안에서는 목걸이를 하지 않는데, 이때 개가 집을 나가서 돌아오지 않으면 찾기 어렵다. 내장형은 이물질을 개의 몸에 넣으면서 생기는 부작용이 걱정되지만, 쌀알 정도 크기의 칩을 주사기로 삽입하는 것이어서 반려견에게 주는 부담은 크지 않다. 영국의 조사 결과에 따르면 마이크로칩 시술 부작용은 0.0004퍼센트에 불과했다.

우리나라도 인천, 경기, 제주 등 마이크로칩 시범지역에서 시술한 18만 201마리 중 마이크로칩 이동이나 시술부위 감염과 같은 부작용이 발생한 경우는 0.007퍼센트에 불과했다.[22]

동물등록제에 대한 인식은 여전히 부족하다. 농림축산식품부 통계에 따르면 2015년 기준으로 등록을 마친 개는 97만 9천여 마리에 그치고 있다.[23] 마이크로칩에 대한 거부감도 있지만 등록제의 필요성에 대한 인식이 낮기 때문이다. 제도에 대한 홍보와 함께 유기동물보호소를 통해 입양할 때는 의무적으로 동물등록을 해야 한다. 유기견 발생을 막기 위해서는 개를 끝까지 책임지겠다는 의식이 있어야 한다. 동물등록제는 이러한 결심을 분명히 갖게 하는 효과가 있다.

반려동물 교육센터

다양한 이유로 개를 버리지만 개의 행동을 조절할 수 없어서 버리는 경우도 많다. 서울연구원의 보고서에 따르면 반려동물을 키우는 사람의 24퍼센트가 사육 방법을 모른 채 반려동물을 얻었고, 이 중 42.6퍼센트가 유기 충동을 경험하며, 특히 2퍼센트는 유기 충동을 자주 느낀다고 한다.[24] 반려동물의 행동을 관리하는 지식이 얼마나 중요한지를 알 수 있다. 실제로 반려동물 사육교육을 철저히 받은 경우는 10퍼센트에 불과하다.[25]

개는 사육하는 사람과의 상호작용이 활발한 반려동물로 행동을 적절히 제어하지 않으면 키우는 사람이 부담을 느껴 유기할 소지가 많다. 반려견과 조화롭게 생활하기 위해서는 반려동물 행동교정 지식을 배울 수 있는 교육센터가 필요하다. 또 해당 교육이 활성화되려면 쉽게 수강할 수 있어야 한다. 서울시의 경우 2018년 구로구에 서울시반려동물교육센터를 설치해 반려동물에 대한 교육과정을 시작했다. 다른 지자체에서도 반려동물교육센터 설치를 추진해야 한다. 또한 고정된 시설에서 하는 교육 외에 지자체와 연계해 주기적으로 순회 방문교육을 활발히 실시해야 한다.

사지 말고 입양하자

안락사를 막으려면 '사지 말고 입양하자'라는 구호처럼 입양 프로그램이 활성화되어야 한다. 동물보호소로 들어온 유기견의 입양이 원활하게 이루어지면 수용 능력 한계에 따른 안락사를 막을 수 있다. 영국은 약 4백만 마리의 반려동물이 있으며 유기되는 동물의 수가 우리나라와 비슷하지만 안락사를 거의 하지 않는다. 이는 반려동물의 생산과 판매를 엄격히 규제하고 입양 문화를 활성화했기 때문이다.[26] 입양은 유기견에게 새로운 반려인과 보금자리를 제공할 뿐만 아니라 강아지 공장 문제를 해결하는 방안이다. 농림축산검역본부 자료에 따르면 우리나라 유기동물 입양률은 2014년 31.4퍼센트, 2015년 32퍼센트, 2016년 30.4퍼센트, 2017년 30.2퍼센트로 30퍼센트 내외에 머물러 있다. 유기동물 중 개는 2017년 기준 31.6퍼센트로 역시 비슷한 수준이다. 유기견 입양만으로 안락사 문제를 해결할 수 없는 상황이다.

입양률을 획기적으로 높일 수 있도록 반려견 문화가 변하려면 입양 프로그램의 활성화가 필요하고, 개를 키우고 싶을 때 동물보호소를 먼저 찾도록 각 지역별 보호소와 연계해 입양 프로그램의 접근성을 높여야 한다. 또한 반려견 입양에 관심을 갖도록 입양 프로그램을 포함한 유기견 정책을 수립하고 이를 국민들에게 홍보해야 한다. 홍보 내용에는 정책적인 것 외에 인식 개선을 위한 내용이 포함되어야 한다. 예를 들어 품종견 선호 경향, 중성화 수술에 대한 거부감, 내장형 무선식별장치에 대한 거부감 등의 인식을 개선하는 내용을 담아야 한다.

엄격한 상담과 심사를 통해 개를 아끼고 키울 사람에게 분양하며,

입양 후 상태를 사후관리하여 입양제도의 신뢰성을 높여야 한다. 안락사에 대한 심적 부담, 유기견 관리비용 부담, 입양률이 높은 긍정적인 이미지를 위해서 동물보호소에서 묻지마 식의 입양을 권할 가능성이 높아지고 있다.[27]

책임 있는 사람에게 입양되지 않으면 재유기, 재판매, 애니멀 호딩, 식용 등 부작용이 발생할 수 있다. 2016년에 고시한 농림축산식품부 '동물보호센터 운영지침'에는 보호소에서 1인당 3마리(연간 10마리)를 초과해 분양할 수 없도록 하고 있으나 권고 수준에 그치고 있다. 1인당 연간 10마리를 입양한다는 것은 상식적으로 납득이 가지 않는다. 지나친 입양으로 애니멀 호딩이 발생할 수 있으며, 표면적으로는 입양을 한다지만 강아지 공장이나 보신탕집으로 보내려는 악의적인 사태도 벌어질 수 있다. 1인당 연간 10마리이므로 가족이나 지인의 이름을 빌려 수십 마리를 입양 해 불순한 목적으로 사용될 수 있다.[28]

또한 동물보호소를 통해 입양한 경우 필수적으로 동물등록을 해서 책임감을 갖게 해야 한다. 반대로 피치 못할 사정으로 키울 수 없게 되면 일정한 기준에 따라 다시 보호소로 데려다주는 제도도 필요하다. 재유기, 재판매, 식용 등 우려되는 부작용을 막기 위해서이다.

반려견세

안락사 없이 유기동물보호소를 운영하려면 보호소 확충과 장기 보호를 위한 재정 기반이 마련되어야 한다. 또한 개를 책임감 있게 키우게 하려면 진입 장벽도 필요하다. 독일처럼 개를 키우면 세금을 내고 입양 시에 보호금을 내게 하는 방법이다. 개를 키우는 데 이런 부담금을 내야 한다면 심사숙고한 후에 결정할 것이다. 이렇게 마련된 세금과 보호금 등은 보호소에서 유기견을 안락사시키지 않고 보호하는 재원이 된다.

궁극적으로 유기견 문제를 해결하려면 독일처럼 입양 프로그램 활성화, 반려견 등록제, 세금과 보호금으로 재정적 기반 확보, 중성화 수술의 활성화, 자격 있는 사람이 개를 키우게 하는 등 촘촘한 제어망을 우리 사회에 도입해야 한다. 이에 대해 개를 팔아서 이익을 남기려는 집단의 반발이 있을 것이며, 개를 키우고 싶은 일반인도 지나친 제한이라고 생각할 수도 있어 반려견 문화의 변화는 사회적 합의를 거쳐 실행해야 한다.

07 개를 키우겠다는 지중한 결심

『은여우 길들이기How to tame a Fox and build a dog』에서 저자 류드밀라Lyudmila는 생텍쥐페리의 『어린왕자』에서 여우가 "길들인 것에는 영원히 책임을 져야 해"라고 말했던 것을 늘 기억하며 길들인 여우들에게 안전하고 사랑이 가득한 미래를 만들려 한다고 했다.[29] 인간은 자신들이 길들였던 개에 대해 책임을 져야 한다. 인간이 길들인 개는 유형성숙幼形成熟을 하여 성견이 되어도 어린 시절의 특징을 유지한 어린 늑대 같은 동물이다. 마치 아이가 부모에게 의존하듯 개는 인간에게 의존한다. 개를 기르는 것은 어린 동물의 특성을 지닌 다른 종을 입양하는 것이다. 먹이고 돌보며 지켜줄 결심과 여건이 필요한 일이므로 거듭 고민하여 신중하게 선택해야 한다. 기르던 개를 버리면 개들은 부모에게서 버려진 아이와 같은 상황에 놓인다.

유기견은 주인이 버렸기 때문에 생겨나며, 인간의 책임 있는 자세만이 이 문제를 해결할 수 있다. 개를 갖게 됨은 개의 삶을 책임지는 것이므로 절대로 버리지 않겠다는 맹세가 섰을 때에만 개를 키워야 한다. 어린이를 입양할 때 깊이 생각하고 신중하게 결정하는 것처럼 다른 종의 입양도 끝까지 책임지겠다는 결심이 섰을 때 해야 한다. 개가 늙고 병들어 죽을 때까지 책임질 수 있을지 심각하게 생각해야 한다. 개에게 시간을 할애해서 산책을 하며 놀아줄 여건이 되는지, 사료비, 예방접종, 병원 치료비, 종에 따라서는 미용비 등을 부담할 경제적 여건이 되는지, 주거환경이 개와 같이 지낼 수 있는 조건인지, 가족 모두가 입양을 원하는지 따져보아야 한다. 여러 조건을 따져보았을 때 개를 들일 수 없다고 생각되면 키우지 않는 것이 책임 있는 자세이다.

맺는 글

개 하면 으레 사람과 같이 사는 집개를 떠올린다. 만일 개에게 주인이 없으면 유기견이라 하며 정상적인 상태에서 벗어난 것이라 생각한다. 그러나 개의 원래 모습은 주인 없이 사는 들개이다. 지구에는 인간과 같이 사는 집개보다 훨씬 더 많은 수의 들개가 독자적으로 살고 있다. 들개는 독자적인 종이지만 그들의 삶은 인간 사회에 큰 영향을 받는다. 지역 사회가 무너지면 수많은 유기견이 발생하고 그들이 나중엔 들개가 된다. 인간들이 배타적이지 않으면 인도 파리아개처럼 들개는 인간의 거주지 안에서 살아가며, 인간들이 용납하지 않으면 포획되어 거주지에서 사라진다. 만일 살기에 적합한 자연환경이 있다면 드물게는 딩고처럼 야생의 삶을 살기도 한다. 들개는 다양한 모습으로 사는 동물이다.

우리나라에서도 몇몇 곳의 들개에 관한 언론보도가 있다. 특히 북한산과 한라산의 들개에 대한 언론보도가 가장 많다. 대부분 들개가 사람을 위협한다는 부정적인 내용들이다. 우리 사회는 사람의 거주지에 들개가 사는 것을 용납하지 않았다. 그래서 들개들은 산으로 가야만 했다. 북한산의 들개는 자연 속에 살면서 사람이 버리는 음식물 쓰레기를 먹는 어정쩡한 삶을 살고 있고, 한라산 들개는 딩고처럼 사냥하는 포식자로 살고 있다. 사람들은 북한산이나 한라산의 들개를 비정상적인 상황에 있는 개라 여기며 말끔하게 제거해야 한다고 말한다. 그 결과 들개는 구조라는 명목으로 포획되어 결국 안락사되었다. 그러나 들개가 개의 더 보편적인 모습이며 인도처럼 인간과 들개가 한 공간에서 호의적으로 공존하는 곳도 있음을 알아야 한다. 주민들이 들개를 인도처럼 정겹게 대하는 모습을 독박골에서 잠깐 볼 수 있었다. 그러나 우리 사회는 그마저도 결국 용납하지 않았다.

나도 그렇지만 대부분의 사람은 종 차별주의자여서 인간의 이익을 우선하고 다른 종의 이익에는 훨씬 낮은 가치를 둔다. 현대 인류는 그 어떤 종도 통제할 수 없는 막강한 힘을 가지고 있다. 견제되지 않는 인류의 힘은 다른 종에게 부당하게 행사될 수밖에 없다. 따라서 최대한 자중하고 배려하는 자세로 다른 종을 생각해야 그나마 공정함에 가까워질 수 있다.

물론 들개의 무리가 많이 확산되어도 괜찮다는 것은 아니다. 인도나 동남아와 달리 공간이 조밀한 우리나라에서 사람들이 용인할 수 있는 들개의 수는 많지 않다. 인간은 주변에 동물이 많아지면 불편해한다. 평화의 상징이었던 비둘기도 그 수가 늘면서 기피동물이 되었다. 공간적으로 충돌하지 않아야 인간과 동물이 공존할 수 있다. 들개들이 인간의 거주지에 머물지 않고 산으로 간 것은 인간과의 갈등을 줄이기 위한 그들 나름의 선택이다. 그리고 들개로 산다는 것은 개에게도 힘든 상황이다. 굶주리면서 불량한 먹이를 먹어야 하고 열악한 환경 속에서 질병에 걸릴 수 있고, 이들을 싫어하는 사람의 공격에도 노출된다. 다만 위와 같은 이유들로 들개 개체 수의 관리가 필요하다면 되도록 이들의 고통과 죽음을 최소화하면서 이루어져야 한다고 말하고 싶다.

들개는 원래 인간의 거주지 근처에서 사는 동물인데 우리나라에서는 인간이 두려워 산으로 피신했다. 그런데 산속까지 쫓아가 들개를 죽이는 것은 너무하지 않은가. 실제로 위해를 가하지 않는데 두려움이 느껴진다는 이유로 들개를 포획해 안락사로 몰고 가는 것은 옳지 않다. 들개의 포획과 안락사로 인간이 얻는 것은 잠재적인 공포감을 없애는 것이지만 들개가 잃는 것은 생명이다. 생명이 사라지는 과정에서 들개는 당연히 공포와 고통, 슬픔과 절망을 느낀다. 인간은 다른 동물에 비해 지식이나 이성적 사고를 담당하는 대뇌피질이 현저히 발달했다. 그러나 감정과 욕구를 담당하는 대뇌 변연계는 인간과 다른 포유류 간에 차이가 거의 없어 동일한 감정과 욕망을 느낀다. 생명을 빼앗기는 그 과정에서 들개는 우리와 똑같이 괴로움을 느낀다. 위험할지도 모른다는 우려를 해결하기 위해 인간은 너무 가혹한 일을 들개에게 저지른다. 그리고 들개는 사실 별로 위험하지 않다.

내가 만난 북한산의 들개는 위험하지 않았다. 졸졸 쫓아오면서 위협한다는 보도들과 달리 들개는 인간을 보면 멀찍이 떨어져 눈치를 보거나 슬금슬금 도망갔다. 들개는 길을 잃어 인간의 거주지에 들어올지라도 멧돼지처럼 좌충우돌하지 않는다. 인간 주변에서 청소동물로 살았던 개는 공격성 면에서 사냥꾼인 늑대와는 유전자가 다르다. 인간과 갈등을 일으키지 않는 개체들이 살아남을 수 있었기 때문이다. 늑대보다 훨씬 온순한 동물인 들개는 집개보다도 덜 위험하다. 사람을 만나는 횟수도 적고 언제든지 도망칠 수 있는 들개는 개 물림 사고를 거의 일으키지 않는다. 이제 들개의 생명을 존중하면서 공존하는 방안을 생각해 보아야 한다.

먼저 들개를 하나의 종으로 연구해볼 일이다. 우리 사회는 인간의 거주지에 동물이 사는 것에 익숙하지 않지만, 사실 많은 동물들이 인간이 사는 곳에 함께 산다. 북반구의 도시에 각국 생물 종의 약 50퍼센트가 산다고 추정되고 있다. 도시는 의외로 생물다양성의 핫 스폿hot spot이다.[1] 런던의 여우나 시카고의 코요테처럼 꽤 덩치가 있는 식육목 동물들도 산다. 대형 포유류이면서 그다지 위험하지 않고 인간으로부터 도주 거리가 짧은 들개는 충분히 연구 가치가 있는 매력적인 동물이다. 동네개나 야생개로 살거나, 스스로 집개가 되려 하거나, 또는 한라산의 사례처럼 집개였다가 노루를 사냥하며 스스로 들개가 되어가는 등 다양한 생활상을 보이는 들개는 연구할 주제도 풍부하다. 이렇게 다양한 생활상을 보이는 동물이 또 있을까? 흔히 말하듯 과연 들개가 폭발적으로 늘어날 가능성이 있는지, 이동경로나 서식 특성이 어떠한지에 관한 연구들이 있다면 인간과 들개가 공존할 수 있는 타당성 있는 방안이 마련될 수 있다.

들개의 개체 수가 적정 수준으로 유지된다면 하나의 생물종으로 인정하여 그대로 놔두어야 한다. 만일 들개 개체 수가 지나치게 늘어나 문제가 된다면 길고양이에게 행하고 있는 중성화 수술을 들개에게도 적용해야 한다. 그것이 그나마 생명을 존중하면서 개체 수를 관리하는 방안이다. 다른 종을 관리한다는 것은 지극히 종차별적인 생각이지만 들개가 인간과 같은 공간에서 사는 것을 용납하지 않는 우리 사회에서는 불가피하다. 들개가 인간과 별 갈등 없이 13만 5천 년 동안 살았던 것처럼 중성화 수술로 개체 수를 관리하며 살아가게 해도 큰 위험성은 없을 것이다. 만일 우리 사회가 중성화 수술을 수용할 수 없다면 테리토리오 데 자구아테스처럼 방목형 동물보호소를 세워 들개를 보호하는 방안을 검토해야 한다. 무엇보다도 음식물 쓰레기의 노출을 제한해 들개가 늘어나는 것을 막는 것이 가장 자연스럽고 인도적인 방법일 것이다. 만일 사람이나 가축에 위해를 가하는 들개가 있다면 문제를 일으킨 구체적인 개체에 한해서만 포획해야 한다.

들개 개체 수를 관리하는 또 다른 중요한 방안은 유기견 발생을 막는 것이다. 한 해 10만 마리가 넘게 발생하는 것으로 추정되는 유기견 중 일부는 들개가 될 수밖에 없다. 우리 사회는 개에게 너무 무책임하다. 개를 마치 기호품처럼 너무 쉽게 키우고 쉽게 버린다. 유기견 문제를 막으려면 쉽게 키우고 쉽게 버리는 행위를 제재하는 제도가 시행되어야 한다. 독일을 중심으로 살펴본 제도들을 우리 사회에 도입해야 한다. 절대 버리지 않겠다는 결심이 섰을 때만 개를 키워야 하며, 그 결심에는 개와 관련된 사회적인 비용을 부담한다는 마음가짐도 포함되어야 한다. 개를 키울 때 내는 세금은 들개의 중성화 수술과 안락사 없는 보호소 운영을 위한 재원이 될 수 있다.

북한산에서 들개를 찾아 돌아다니다 허탕을 치고 내려오면 동네개들을 만나 위안받으며 평온한 시간을 보냈다. 동네개의 모습은 인류와 개의 조상이 가까이 지내던 시기의 모습을 닮았다. 개의 조상은 인간에게서 안정적으로 먹이를 얻는 대신 다른 동물이 접근하면 짖어서 인간이 대비하도록 도왔다. 동네개와 독박골 주민은 인류의 조상과 개의 조상이 그러했듯 서로 도움을 주면서 살고 있었다. 주민들은 동네개에게 먹이를 주고 포획반으로부터 지켜주었고, 동네개는 멧돼지 · 길고양이 · 쥐를 쫓아주었다. 무엇보다 동네개는 주민들에게 화젯거리가 되어 즐거움을 주었다. 그러나 우리 사회는 동네개들이 자유롭게 살도록 놔두지 않았다. 동네개들이 진심으로 아끼는 주인을 만나 함께 살게 된 것을 그나마 다행으로 생각한다.

개와 인간의 관계는 서로에게 특별한 안정감을 준다. 그래서 인간은 개를 다른 동물보다 특별히 좋아한다. 그러한 사랑을 산속에서 살아가는 들개들에게도 조금은 나눠주었으면 한다. 너무 나쁜 시선으로 보지 않기를, 어서 빨리 제거해야 한다고 말하지 않기를 바란다. 돌아보건대 동네개들을 만나고 그들과 친해져서 이런저런 관찰을 할 수 있었던 것은 행운이었다. 지구별에서 가장 행복한 개였던 동네개들과 함께했던 시간들은 너무나 좋은 기억으로 남았다. 북한산 자락에서 들개를 만난 순간들도 모두 보석 같은 시간이었다. 세상의 모든 들개들이 생명체로서 존중받기를 기원한다.

주_

1부_ 개는 15퍼센트만 가축이다

1 로브 레이들로 지음, 박성실 옮김, 2014.『개에게 인간은 친구일까?』, 책공장더불어, p.23.

2 Raymond Coppinger & Lorna Coppinger, 2016. *What is a dog?*, The University of Chicago Press, p.34

3 이영임, "늑대는 개의 직접 조상이 아니다", 연합뉴스(2014. 1. 18.)

4 이정모,「어슬렁거리던 개, 그 녀석들이 사람을 선택했다」, 〈중앙sunday〉(2018. 1. 7.)

5 스티븐 부디안스키 지음, 이상원 옮김, 2005.『개에 대하여』, 사이언스북스, pp.30~31.

6 리 앨런 듀가킨 · 류드밀라 트루트 지음, 서민아 옮김, 2018.『은여우 길들이기』, 필로소픽, pp.37~39.

7 스티븐 부디안스키 지음, 이상원 옮김, 2005. 앞의 책, p.31.

8 제임스 서펠 지음, 윤영애 옮김, 2003.『동물, 인간의 동반자』, 들녘, pp.96~99.

9 리 앨런 듀가킨 · 류드밀라 트루트 지음, 서민아 옮김, 2018. 앞의 책, pp.151~154.

10 위의 책, pp.232~233.

11 제임스 서펠 지음, 윤영애 옮김, 2003. 앞의 책, p.188.

12 위의 책, pp.111~112.

13 웨인 파셀 지음, 전진경 옮김, 2013.『인간과 동물 유대와 배신의 탄생』, 책공장더불어, pp.43~44.

14 스티븐 코들러 지음, 서민아 옮김, 2018.『인간은 개를 모른다』, 필로소픽, pp.110~111.

15 이기림, "8000년 전에도 개 목줄 채웠다", 뉴스1(2017. 11. 21.)

16 두산백과, 개의 감각(http://www.doopedia.co.kr/doopedia/master/master.do?_method=view&MAS_IDX=101013000881056)

17 두산백과, 개의 계통(http://www.doopedia.co.kr/doopedia/master/master.do?_method=view&MAS_IDX=101013000881056)

18 스티븐 부디안스키 지음, 이상원 옮김, 2005. 앞의 책, pp.34~35.

19 리 앨런 듀가킨 · 류드밀라 트루트 지음, 서민아 옮김, 2018. 앞의 책, p.154.

20 스티븐 부디안스키 지음, 이상원 옮김, 2005. 앞의 책, pp.38.

21 리 앨런 듀가킨 · 류드밀라 트루트 지음, 서민아 옮김, 2018. 앞의 책, pp.196~198.

22 위의 책, pp.77~87.

23 위의 책, p.109.

24 위의 책, p.209.

25 위의 책, p.210.

26 위의 책, p.157.

27 위의 책, p.209.

28 스티븐 코들러 지음, 서민아 옮김, 2018. 앞의 책, pp.109~110.

29 스티븐 부디안스키 지음, 이상원 옮김, 2005. 앞의 책, pp.86~88.

30 남종영, 「늑대가 개가 되고 있다」, 〈한겨레〉(2017. 4. 14.)

31 짐 더처 · 제이미 더처 지음, 전혜영 옮김, 2015. 『늑대의 숨겨진 삶』, 글항아리, p.182.

32 스티븐 코들러 지음, 서민아 옮김, 2018. 앞의 책, pp.105~107.

33 짐 더처 · 제이미 더처 지음, 전혜영 옮김, 2015. 앞의 책, pp.92~93.

34 위의 책, pp.75~83.

35 사이언스타임즈, 2009. "늑대, 세 살이면 사냥에서 은퇴", 연합뉴스(2009. 11. 4.)

36 스티븐 부디안스키 지음, 이상원 옮김, 2005. 앞의 책, pp.121~123.

37 위의 책, pp.124~130.

38 페터 볼레벤 지음, 장혜경 옮김, 2017. 『동물의 사생활과 그 이웃들』, 이마, pp. 279~280.

39 스티븐 부디안스키 지음, 이상원 옮김, 2005. 앞의 책, pp.109~116.

40 Wikipedia(https://en.wikipedia.org/wiki/Dingo)

41 네이버 지식백과(https://terms.naver.com/entry.nhn?docId=742305&cid=46677&category-

Id=46677)

42 남종영, 「살아 있는 개의 화석 뉴기니 고산개 발견」, 〈한겨레〉(2017. 4. 28.)

43 Wikipedia(https://en.wikipedia.org/wiki/Dingo)

44 류커상 지음, 남혜선 옮김, 2016. 『버려진 개들의 언덕』, 책공장더불어, p.61.

45 Wikipedia(https://en.wikipedia.org/wiki/Indian_pariah_dog)

46 Wikipedia(https://en.wikipedia.org/wiki/Carolina_Dog)

47 Vidya Athreya et. al., 2014. "A cat among the dogs: leopard Panthera pardus diet in a human-dominated landscape in western Maharashtra, India", Oryx, FirstView Articles. pp.1~7. [조홍섭, 「표범 먹잇감, 염소보다 개」, 〈한겨레 생태전문웹진: 물바람숲〉(2014. 9. 19.)에서 재인용]

48 Raymond Coppinger & Lorna Coppinger, 2016. 앞의 책, pp.217~225.

49 로브 레이들로 지음, 박성실 옮김, 2014. 앞의 책, pp.73~76.

50 위의 책, pp.36~37.

51 Raymond Coppinger & Lorna Coppinger, 2016. 앞의 책, pp.143.

52 위의 책, pp.158~161.

53 이정필, 「지난해 유기견 6만 3600마리… 매일 170마리 넘게 버려져」, 〈이투데이〉(2017. 8. 11.)

54 안호기 · 이진구, 「남산 고양이, 숲속의 무법자, 북한산 들개」, 〈경향신문〉(1997. 9. 26.)

55 강동원 외, 2010. 『북한산국립공원 자연자원 조사』, 국립공원연구원, pp.130~136.

56 조종엽, 「인류와 개의 동행 3만 6000년… "나쁜 기운 막는 동물 신"」, 〈동아일보〉(2018. 1. 1.)

2부_ 독박골의 동네개

1 오주환, 「들개가 돼 나타난 '그때' 반려견들」, 〈국민일보〉(2017. 4. 2.)

2 황태호, 「공포의 들개… 중성화 시술로 막는다」, 〈동아일보〉(2017. 10. 13.)

3 스티븐 부디안스키 지음, 이상원 옮김, 2005. 앞의 책, pp.92~93.

4 위의 책, pp.43~44.

3부_ 북한산 야생개

1 페터 볼레벤 지음, 장혜경 옮김, 2017. 앞의 책, p.33.

2 오장근 외, 2017. 『북한산국립공원 멧돼지 관리방안 연구』, 국립공원관리공단 국립공원연구원, pp.33~34.

3 페터 볼레벤 지음, 장혜경 옮김, 2017. 앞의 책, pp.205~206.

4 이종호, "연해주 원주민과 호랑이의 상생", 울산저널i(2017. 11. 22.)

5 산림정보 다드림(http://gis.kofpi.or.kr/gis/map/main.do?systype=1)

6 강동원 외, 2010. 앞의 책, pp. 543~682.

7 황보연 외, 2014. 『북한산국립공원 자원 모니터링 4차년도』, 국립공원관리공단 북한산국립공원사무소, pp.247~252.

8 이우신 외, 2017. 『야생동물 생태 관리학』, 라이프사이언스, pp.47~49.

9 Raymond Coppinger & Lorna Coppinger, 2016. 앞의 책, p.67.

10 위의 책, p.57.

11 위의 책, p.58.

12 김향미, 「'북한산 멧돼지 생태지도' 만든다」, 〈경향신문〉(2016. 3. 14.)

13 최태영·최현명, 2007. 『야생동물 흔적도감』, 돌베개, pp.193, 196~197, 237.

14 Raymond Coppinger & Lorna Coppinger, 2016. 앞의 책, p.30.

15 위의 책, pp.123~125.

16 위의 책, p.93.

17 이우신 외, 2017. 앞의 책, pp.82~83.

18 Raymond Coppinger & Lorna Coppinger. 2016. 앞의 책, p.151.

19 이우신 외, 2017. 앞의 책, p.103.

20 Raymond Coppinger & Lorna Coppinger, 2016. 앞의 책. pp.110~119.

21 위의 책, pp.98~99.

22 위의 책, p.60.

23 위의 책, pp.106~108.

24 하지홍, 2003.『하지홍의 한국의 개』, 경북대학교출판부, p.11.

25 위의 책, pp.22~28.

26 위의 책, pp.20~21.

27 위의 책, pp.100~102.

28 Raymond Coppinger & Lorna Coppinger, 2016. 앞의 책. p.72.

4부_ 인간과 들개의 관계

1 정형태,「들개가 된 반려견… 주택가 습격 사건」, 〈조선일보〉(2017. 4. 5.)

2 손형주, "'사람 해칠 것 같아서'… 진돗개 머리에 공기총 쏜 60대", 연합뉴스(2018. 3. 26.)

3 윤영현, "등산객 위협하는 북한산 들개 마취총으로 잡는다", SBS뉴스(2016. 3. 14.)

4 이와모토 시게키 지음, 배성인 옮김, 2016.『나를 위한 사회학』, 정한책방.

5 김예나, "'개 물림'사고 매년 2천여 건… 반려동물 관리강화 요구 봇물", 연합뉴스(2017. 10. 22.)

6 이정구,「Why, 기르던 개에 물려 죽기까지… 피해자는 아이와 노인이 많다는데」, 〈조선일보〉(2017. 10. 21.)

7 스티븐 부디안스키 지음, 이상원 옮김, 2005. 앞의 책, 사이언스북스, p.18.

8 위의 책, pp.42~43.

9 리 앨런 듀가킨 · 류드밀라 트루트 지음, 서민아 옮김, 2018. 앞의 책, pp.37~38.

10 스티븐 부디안스키 지음, 이상원 옮김, 2005. 앞의 책, p.242.

11 Raymond Coppinger & Lorna Coppinger. 2016. 앞의 책, pp.152~153

12 조홍섭, "야생동물은 포식자보다 등산객이 더 무섭다", 〈한겨레 생태전문웹진: 물바람숲〉(2019. 7. 11.)

13 김윤정, 2015.『당신은 반려견과 대화하고 있나요?』, 알에이치코리아, pp.55~121.

14 그웬 베일리 지음, 문채원 옮김, 2003.『내 개가 무슨 생각을 할까?』, 넥서스, pp.79~83.

15 위의 책, pp.97~100.

16 김윤정, 2015. 앞의 책, pp.123~139.

17 김동이, "유기견의 역습… '들개'로 변모해 가축에 피해", 오마이뉴스(2017. 7. 10.)

18 박훈석, 「'추자산양' 들개 피해 심각」, 〈제민일보〉(2000. 3. 17.)

19 이연경, "대전에서 들개가 토종닭 70마리 물어 죽여", KBS뉴스(2017. 3. 19.)

20 고재형, "제주, 들개 피해로 골머리", YTN뉴스(2009. 11. 2.)

21 유정아, 「반려견에서 들개로… 주민피해 잇따라」, 〈옥천향수신문〉(2017. 5. 25.)

22 Mark C. Anderson et al. 2004. Use of matrix population models to estimate the efficacy of euthanasia versus trap-neuter-return for management of free-roaming cats. J Am Vet Med Assoc. Dec 15;225(12):1871-6.

23 Robert J McCarthy et al. 2013. Estimation of effectiveness of three methods of feral cat population control by use of a simulation model. J Am Vet Med Assoc. August 15;243(4):502-11.

24 웨인 파셀 지음, 전지경 옮김, 2013. 앞의 책, pp.416~419.

25 Raymond Coppinger & Lorna Coppinger, 2016. 앞의 책, pp.227~228.

26 장형태, 「들개가 된 반려견… 주택가 습격 사건」, 〈조선일보〉(2017. 4. 5.)

27 류재민, 「서울대 관악캠퍼스 '들개 떼 공포'」, 〈조선일보〉(2019. 8. 21.)

28 오장근 외 3명, 2018. 「제주 외래동물의 분포와 서식현황」, 『조사연구보고서(제17호)』, 제주특별자치도 세계유산본부 한라산연구부, p.163.

29 변지철, "제주 노루 3년간 5천 마리 포획… 잔혹사 3년 더 연장", 연합뉴스(2016. 6. 21.)

30 조인호, "한라산 애물단지 노루… 다시 포획금지", MBC뉴스(2019. 5. 9.)

31 김권수 외 4명, 2018. 「한라산국립공원 생태계건강성 평가」, 『조사연구보고서(제17호)』, 제주특별자치도 세계유산본부 한라산연구부, p.222.

32 Benjamin Allen, 2015. "Culling is no danger to the future of dingoes on Fraser Island"(http://theconversation.com)

33 Aaron Greenville, 2013. "Will we hunt dingoes to the brink like the Tasmanian tiger?"(http://theconversation.com)

34 Euan Ritchie, Arian Wallach, 2016. "Why Victoria's dingo and 'wild dog' bounty is doomed to

miss its target."(http://theconversation.com)

35 Brad Purcell, 2012. "The Australian dingo: to be respected, at a distance."(http://theconversation.com)

36 한송아, 2018. "치타와 사람의 공존을 돕는 개가 있다", 네이버포스트(https://post.naver.com)

37 오장근 외 2명, 2019. 『제주노루 행동 · 생태 · 관리』, 제주특별자치도 세계유산본부, pp.211~214.

38 Raymond Coppinger & Lorna Coppinger, 2016. 앞의 책, pp.145~161.

39 윤태희, 「야생마는 멸종됐다… 몽고야생말, 가축말 후손으로 밝혀져」, 〈서울신문〉(2018. 2. 23.)

40 고은경, "제주시, 들개 막기 위해 라디오 크게 튼다는데… 근본적 대책 없나", 〈한국일보〉(2020. 6. 30.)

41 원소정, "닭 1000마리 물려 죽었는데… 들개라서 보상 안 된다네요", 〈김해뉴스〉(2021. 5. 25.)

5부_ 버려진 개들, 유기견

1 그웬 베일리 지음, 문채원 옮김, 2003. 앞의 책, pp.93~94.

2 곽새롬 · 백민음, "유기견들의 천국, 이곳은 어디?", MBC뉴스(2016. 6. 5.)

3 안정연, "800마리 유기견들의 천국", 노트펫(2017. 8. 4.)

4 황정환, 「반려동물 1000만 시대, 버려지는 개도 연 10만 마리」, 〈한국경제〉(2017. 9. 15.)

5 유기영, 2017. 「서울시반려동물센터 도입방안」, 서울연구원, p.4.

6 이학범, 「국내 반려동물 수 702만 마리로 추정… 개 513만, 고양이 189만」, 〈데일리벳〉(2017. 7. 15.)

7 윤상준, 「2017 유기동물 10만 마리 '사상 최대'… 가족찾기 절반 못 미쳐」, 〈데일리벳〉(2018. 6. 29.)

8 한국애견신문편집국, 「대만 안락사 담당 수의사, 끝내 자살」, 〈한국애견신문〉(2016. 7. 22.)

9 로브 레이들로 지음, 박성실 옮김, 2014. 앞의 책, pp.73~76.

10 박소연 · 이소연, 2017. 『길에서 데려간 동물들은 어떻게 되었을까』, 동물권단체 케어, p.44.

11 윤상준, 「전국 유기동물보호소 293개… 직영 늘고, 평균 보호기간 길어져」, 〈데일리벳〉(2018. 6. 29.)

12 위의 기사.

13 박소연 · 이소연, 2017. 앞의 책, p.57.

14 위의 책, p.79.

15 위의 책, p.2.

16 위의 책, p.24.

17 이혜원, 「개를 죽이지 말라, 개도 세금을 내라」, 〈한겨레〉(2013. 11. 1.)

18 심선화, "자격증 따야 개 키우는 독일의 양육법 몇 가지", 오마이뉴스(2017. 10. 30.)

19 김선희, 2013. 「반려동물 관련 소비실태 및 개선방안」, 『조사보고서(13-21호)』, 한국소비자원.

20 황정환, 앞의 기사, 〈한국경제〉(2017. 9. 15.)

21 이혜원, 앞의 기사, 〈한겨레〉(2013. 11. 1.)

22 박종무, 2016. 『살아 있는 것들의 눈빛은 아름답다』, 리수, pp.48~49.

23 이주영, "반려동물등록제 의무화 4년… 절반에 그친 등록률 왜". 뉴스1(2017.5.12.)

24 유기영, 2017. 『서울시반려동물센터 도입방안』, 서울연구원, pp.3~13.

25 위의 책, p.7.

26 박소연 · 이소연, 2017. 앞의 책, p.80.

27 위의 책, p.70.

28 위의 책, p.70.

29 리 앨런 듀가킨 · 류드밀라 트루트 지음, 서민아 옮김, 2018. 앞의 책, p.257.

맺는 글

1 페터 볼레벤 지음, 장혜경 옮김, 2017. 앞의 책, p.269.